U0270918

中国建筑设计研究院设计与研究丛书

景泉 著

在地生长

Design from and for Locality

中国建筑工业出版社

1996-2021

序

Preface

崔愷

设计是解决问题的一种方式。虽然不一定绝对，或者说似乎没有问题也可以做设计，但一般来说，设计还是针对某一种问题或某一种需求而做的。当然，问题有客观存在的，也有主观提出的，设计就是要发现问题，找到适当的方式解决问题，从而形成方案。建筑是比较复杂的事情，设计碰到的问题也就很多、很复杂，能不能从中找出主要问题，尤其是找到那个会影响方案抉择的关键问题至关重要，这也是设计真正的起始点。当然，找准了主要问题，采用的应对策略对路，方法适度，再加上对其他基本问题的综合响应，一个比较成熟的设计方案就随之形成了。而如果不仅策略对，方法还有创新，引发建筑在空间和形态上的异变，形成具有感染力的特色，那么一个具有标志性的方案就出现了。总体而言，找的问题准不准，选的策略对不对，用的方法新不新，似乎已是评价设计是否成功的内在准则。而从外部看，方案设计的每一阶段的选择都像一次“对手戏”，都有某一方面的决策者站在你的对面审视这个过程。你找的问题是不是他所关心的问题？你选的策略是否符合他所认可的价值判断？你采用的方法是否超出他所愿意负担的代价？最主要的可能还是设计呈现的形式是否达到或超出他心中的审美期望？因此，在所有因果逻辑推理中，最重要也最不确定的因素是作为决策者的甲方或甲方也必须服从的领导。由此可见，建筑设计既是一个理性推导的过程，也是个感性决策的结果。这个过程中撞过多少“南墙”，浪费多少精力，伤过多少感情，承受多少压力，每个建筑师都心知肚明，苦中求乐，在磨练中成长。

我和景泉合作很多年，一起完成了一批还比较有特色的建筑作品。春节前他捧来厚厚的作品书稿，翻看之中，发现他介绍作品的方式摒弃了“一般性工程说明+自我表扬”的套路，而是从问题入手，重新进行推理分析，有一种“下棋复盘”的感觉，也把我的思绪带回到那些项目设计伊始的情景之中。比如重庆国泰艺术中心项目中，那叠梁架柱的特色反映了高密度的城市肌理和传统民居吊脚楼所代表的地域文脉。但最初问题的焦点是如何在高楼林立的环境中让小小的文化建筑具有公共性的大尺度和反映城市气质的文化性，而坡地狭小、功能双拼、与相邻地块整合性开发的要求等这些基本问题也都要一揽子解决。方案是在最初勾勒出的草图上反复提炼产生的，中标之后又经过了一系列优化提升，先后经历了数十次专家和领导的审查，与甲方和总包一起克服了巨大的困难终于建成，这中间面对问题和解决问题的设计思路贯彻始终。再比如北京世园会中国馆项目中，最初的关键问题是如何在山水田园的环境中看风景、融入风景，以及自成一景。我们选择的策略是起坡、造田、盘路，再现农耕时代的山野风光。但顺此思路而形成的建筑展线过长，空间也过于单一，外部形态也有点像体育场，比较内向。后来灵机一动，把形体切了一半，空间一下解放了出来，展线也缩短了一半，形体上虚下实的台地关系也更清晰了，既朝阳背风响应了气候特点，也自然形成传统建筑琉璃屋顶的特色，赢得了各方的理解和喜爱，说明这个理性推演的结果得到了感性的认同。在南宁园博园的系列建筑创作中，设计采用了与北京世园会项目相同的建筑融入环境的策略，但接下来的主要问题是如何将广西的青山绿水中孕育出来的少数民族传统建筑语言运用到不同的园博园场景中，并实现再创新的设计空间。看到团队中许多青年建筑师拿出的形形色色的想法，总感觉理念和设计方法衔接不紧，装饰性太多，有堆砌之感；而在艰苦环境中孕育出来的传统民居顺势而为，质朴有力，骨感很强，对我们的建筑结构设计有许多启发。于是我即席提笔勾勒出一组组结构草图，说明了创作的方向；大家都很兴奋，方案也很快找到了发力点，项目建成后广受好评。但后来我多次看到广西的一些建筑作品，在文化继承方面仍然停留在装饰和堆砌上，感到十分遗憾和不解，可能“身在山中不见山”吧。其实在工程设计中，有些难题还不仅是大的、外在的问题，建筑师还要回答很多细小的、具体的问题，比如材料和色彩的选择。在鄂尔多斯体育中心方案设计中，我们结合沙漠的环境特色选择了金色作为主色调，喻为“金色的马鞍”。但落地时用什么材料去做就成了难题：我们想要金色但又不想要那种低俗的富贵气；我们想要强化群体建筑的整体感，但又不能失去当人们近看时的精致性，当然还要考虑材料的安装便捷性和经济性。实际的选择中我们反复用铝方通足尺推敲，综合考量光、色彩、质感，终于找到了破题的思路。而在太原市滨河体育中心项目中，虽然项目原有结构和空间的保留和再生为主要策略，但在陈旧粗笨的骨架上如何长出具有“肌肉感”的活力空间界面是设计要解决的关键问题，虽然我一般是比较反对从建筑表皮出发来思考问题的。这里采用的方法一是塑形，利用原有结构的外围扩展空间形成内吸式的折面；二是拉伸，将铝条板横向安装，并利用角度形成开合渐变。这“一吸一拉”，就如同健美运动员展示肌肉之美的Pose，产生了力量之美，恰当地表达了体育建筑的性格。

最近和老景合作的项目又在重庆，是“两江四岸”的核心段朝天门广场和两翼沿江步道的提升项目，以及利用弹子石既有建筑改造而成的规划馆，又是领着几个团队的集体创作。我每次指导时，脑子都很兴奋，而兴奋点就是聚焦在找问题：找现场环境中存在的问题，也找团队设计中忽略、遗漏和跑偏的问题。我常琢磨，为什么一起看现场、一起讨论出解决策略和设计理念，但创作中还往往出现这么大的偏差呢？这里面可能有经验的问题，有观察力的问题，也有设计能力的问题，但最关键的问题还是如何将问题和创作手法形成联动性思考。这是非常重要的逻辑思维能力，需要培养。结合自己的经验，我想有这么几点方式：一是，要养成在生活中观察到问题就试着想想设计的思维习惯，而不要在意这事与你是否有关；二是，在学习大师或者同行的优秀设作品计时要注意回溯这个设计要解决的问题是什么，而不是仅仅被那些美妙的形式所吸引；三是，在与同事讨论设计时要积极快速思考，勇于提出建议，哪怕不成熟或不被认可，也别怯场和气馁，因为这也是一种对构思能力的锻炼，长此以往必能提高。这些从自己成长中体会出的经验，也可能会对年轻的同行们有所帮助。

说回来，景泉的这本《在地生长》以问题为导向的作品论述，会让读者们去循着设计的思考，了解创作的过程。虽然漂亮的照片展示了创作的成果，但“设问式”的体例更能引发读者的思考，这种边读边想边评论的方式也许更是这本书的意义所在。

让我们一起在这片土地上成长！

自述

Forwards

植根土本，自然生长。

一

2018年最后一天，我与同事们冒着严寒，与崔总在世园会中国馆施工现场考察。虽然当时项目还未完工，但“梯田”之下的“大屋顶”已从世园会的山水中自然铺展开来。对于这样一个重要的国家级项目，其中历经不少波折，终于从概念构想到初现雏形，崔总和团队也终于稍感欣慰。在现场，崔总对我说，“你近年来也有一些还不错的项目建成，可以做一本小册子总结一下。”这对我是莫大的鼓励，也让我开始认真地思考如何来总结自己从业25年以来取得的这一点心得，如何做这本小册子。

如今呈现给大家的这本书，是我和团队用近两年的时间，几易其稿，最终汇成。

我1996年毕业进入设计院工作，那时，正值我国城镇住房建设飞速增长的阶段，在我开始工作的前几年，接触的几乎都是住宅类项目。后来又在崔总的指导之下，开始接触文化类项目。近些年，随着城市质量提升被提上国家日程，我们又有了一些探索城市更新的机会。我一直觉得我的个人经历似乎也是这些年行业发展的一个侧影。因此，我和团队商议，将这本小册子定义为我个人成长的感悟，通过呈现一些具有代表性的案例，能看到一位从院校毕业走进设计院的建筑专业学生的成长过程，也让年轻一辈的建筑师能从侧面了解行业过去20多年的变化，激发他们对于自我成长与行业未来发展的思考。

“成长”是我最初就想在这本小册子中表达的一个主题。在我正头疼案例呈现方式时，张广源主任建议：“何不抛弃一般性的项目陈述，直接从项目推进过程中我们所面对最关键的问题出发，展现我们解决这些问题的方法。”这一建议，让我豁然开朗。

这些年在崔总的指导下，我们合作完成了多个城市中重要文化建筑的设计建造工作，项目持续的时间都很长，我深刻感受到一个建筑设计师的工作绝对不是以图纸的完成为终点，而是会一直延续到施工建造中。“设计的本质是发现问题、解决问题”，但建筑设计面对的问题并不是一开始就呈现出来的，而是伴随着整个项目阶段不断涌现的，充满了复杂性。崔总在工地上发现了施工的错误时，总是对我们说要“将错就错，因势利导”，要善于用设计的智慧去巧妙化解错误，而不是纠结于已然发生的错误本身。例如南宁园博园园林艺术馆在建筑结构大体完成之后，内部出现了两三处大体量的混凝土结构梁，破坏了空间的整体性。崔总在施工现场指导的时候，提出用便宜易得的涂料在混凝土结构上绘制反映当地文化的图案，于是，我们选取了壮族传统手工织锦“壮锦”中的纹样进行提炼。这种又经济又具备地域特色的处理手法最终反而成为项目的一大亮点。这种以解决问题为目的的设计方式是我们在建筑创作中的重要方法。

在这本书中我只选取了这些年已建设完成的部分项目，书中整理的问题也是我们曾在项目过程中真实面对的最棘手的难题，但也是实现最初设计意图、使建筑得以较好实现的关键。我希望用这种方式让读者能更清晰地了解我们建筑创作的过程。也许你们在面对具体设计时也会遇到类似的难题，我们的解决方案也许能给你们带来一些灵感，抑或在读到这些问题的时候你们也会思考还有哪些更好的解决方案。这样的叙述方式也为“成长”这个主题赋予了另一层含义，即项目“生长”的过程。

二

我成长在北京的军队大院中，自幼受大院中“集体文化”的影响，但又从小被父母送去学习国画和书法，“统一的集体意志”与“个性化的艺术表达”成为我个人“这枚硬币”的两面。我的建筑实践都是在中国建筑设计研究院（中国院）这样的国有大型设计院展开，让我在设计中天然带有对社会广泛层面的顾及，又受到崔总“本土设计”立场的引导，对于个人主观化的形式的追求极为克制。金秋野老师在评论崔总的“本土设计”时，曾强调了这一设计立场所体现出的自觉的国家意识。他认为这种国家意识正是中国传统知识人（士）的核心价值。但此类宏大叙事的项目往往规模庞大、复杂程度极高，需要尽力避免建筑师和业主个人主观对于某种形式或风格的偏好，而是从建筑所处的特定自然环境、人文环境出发，让设计方案自然形成。我并不认为要体现出更广泛的集体意识就意味着审美的丧失。那些可以被多个向度体验、感知和阐释的符号意义，往往来源于指向群众集体记忆的形式和元素。尤根·罗斯曼在对重庆国泰艺术中心的评价中指出，这个“建筑本体的第一印象，看上去像一个超现代设计，似乎与具体的当地情况并没有太大联系，但在细节上，它所展现的全是意义的符号，这些符号会引导人们的记忆和感知。”

正如崔总所说：本土设计重点在于一个“土”字。他曾多次提到，本土设计也就是“以土为本”。建筑永远是扎根在泥土之中的，接了地气才能更好地延伸、生长。这里所说的“土”，并不仅仅指单纯的地理环境，也包含了当地人与其独特的环境不断互动所形成的地方建筑，及其背后所包含的地方知识和文化传统。因此我将这本书名定为“在地生长”，也就是植根土本，让建筑在自然生态中“生长”，在地域文化中“生长”，在人本社会中“生长”。这是我作为年轻一辈的建筑师在崔总“本土设计”这一设计立场的基础上，对“为中国而设计”这一历史命题的实践与思考。

让建筑在自然生态中“生长”，意味着充分考虑场地与所在区域气候、地质、土壤条件的内部与外部联系，尊重场地原有“山水林田湖”的天然格局，创造出适应地域气候的建筑。这也是人类文明发展到生态文明阶段的必然要求。

让建筑在地域文化中“生长”，意味着需要对建筑所在地域传统营建智慧进行挖掘与现代演绎，也意味着对乡土材料进行当代的发展。地方居住文化是人类长期在特定地域条件下，通过生产生活活动形成并积累下来的丰富遗产，既包括了悠久的历史文化传统，也包括民族地域长期积累的民间生产生活智慧。它们是建筑设计的灵感源泉，也是当代建筑需要传承发扬的宝贵财富。

让建筑在人本社会中“生长”，强调的是在城市中生产和生活的人（即城市居民），以及城市居民在生产和生活过程中产生的各种联系——包括城市中的市政交通联系，甚至互联网时代的网络虚拟联系。人本维度最终落脚于人的切身感受，如果没有人实实在在的体验，城市形态的“美”“丑”就无以体现。

建筑师最大的职责在于通过建筑唤起人们对自身所

处时代的关怀。建筑创作的过程是基于建筑所在的场地，从自然、文化与人本的维度出发寻找思路，再用现代建筑的技术语言表达出来，从而创造出建筑独特的意境。即用自然体现生态性，用文化体现地域性，用人本贯彻市民性，用意境传达精神性，最终通过技术实现时代性。“在地生长”，也就是立足中国社会的现实，借鉴原生的乡土智慧，回应现代语境下的挑战，设计符合历史语境与当代文化的建筑形象，使人类可以更加诗意地栖居在其归属之地。

三

建筑并不是城市中一个个孤立的个体，要让建筑从它所在的城市环境中“生长”出来，就要求建筑师从更广的空间尺度和更长的时间尺度上来思考建筑设计。2012年，在文兵院长的支持下，我带着问题又一次回到学校，攻读城乡规划专业的博士学位，并把主要研究方向放在城市设计领域。规划建筑紧密相连：规划师眼界开阔，从事的是较为宏观层面的研究；建筑师则善于进行微观而具体的建设落地工作。我们建筑师理应向上延伸，和规划的意图连接起来，将生态、文化、人本因素综合考量，在规划的语境下探讨建筑与之衔接的方法。现在我的团队中也逐渐拥有城市规划、城市设计、生态规划、历史地理、经济地理等背景的科研人才加入，让我们能够从城市、生态、人文等更多的层面上来思考建筑。

从业20多年以来，我深感于在中国建筑设计研究院这个平台上，得到了太多高水平师长的“传帮带”，与诸多优秀同仁的齐心协作，为我的每一步成长都提供了坚实的基础和巨大的帮助。

特别感谢崔总，他像导师一样给予我良多实践指导和人生建议。和崔总的合作是紧张而愉快的，紧张是因为崔总一贯的严谨态度，让我从来不敢对项目任何一个过程有丝毫松懈。但另一方面，每一次点滴的成长和进步都有收获的欣喜，每一个项目完成之后都有一种丰收的喜悦。

从国泰艺术中心开始，秦莹总开始系统地指导我们团队的施工图，鄂尔多斯体育中心、长春市规划展览馆也是在秦莹总的带领下完成的。她言传身教、一丝不苟，每张图的每个细节都不放过，使我们队伍能够迅速成长起来，让我们在技术水平和专业态度上都受益良多。感谢娄莎莎总、单立欣总在审图过程中耐心地指导我们修正施工图中发现的问题，他们严谨治学的态度，与当年的崔昌律总一样，令人钦佩。

感谢李兴钢总，在与他的近距离接触中，我不仅充分体会了他是如何践行“胜景几何”的理念，他对于建筑细节的细腻把控更深深地影响了我们团队，楼梯的色彩、灯具的亮度、房门的把手……这些会影响到人的使用感受的细微之处，他都一一亲自把关，对我们精益求精的设计观提出了更高要求。

感谢刘燕辉书记一直以来对我成长的关怀，从南京月安花园项目的规划和户型设计到后来的雄安城市设计运筹，我个人的成长都离不开燕辉书记的关照和一路支持。

谢谢陈一峰总在住宅设计方面的指导。我从住宅设计的入门到略窥门径到再次突破的过程中，是他激励我深入思考如何使最贴近人们日常生活的住宅熨帖地满足人的需求，承载普通人对生活的梦想和情感，在研究过住宅的精细设计之后，我对人的使用需求和人性化细节有了更深刻的认识和理解。这些为我后来的公共建筑设计打下了良好的基础。

我们团队能在剧院、体育馆等大型公共建筑项目方面有所成绩，离不开李燕云总对我们的帮扶，从国泰到鄂尔多斯体育中心，她无私的技术分享和严谨的专业精神，深深地感染我们团队。感谢宋源院长、马海院长一直以来帮助我组建队伍、培养团队，让我感受到中国建筑设计研究院的深厚积累，是我们永远的坚实后盾。徐继伟是我参加工作后的第一任领导，他为人处世朴实勤恳，使我初入职场就见到了很好的榜样。

特别感谢中国建筑设计研究院结构、机电、景观、室内等专业同事的高质量配合，所有成就都是大家共同努力的成果，荣誉属于大家。感谢任庆英、范重结构大师在重大项目中给予的支持和帮助，感谢霍文营、张淮湧、施泓、孙海林等优秀的结构工程师在结构设计上的全情投入，没有他们的严谨落实，项目不可能得以完整实现。在生态文明建设这样的大背景之下，我们也开始探索建筑景观一体化的设计途径，我们和生态景观院的配合也越来越多，感谢李存东、史丽秀、赵文斌、刘环、关午军等景观设计师在北京世园会中国馆、南宁园博园等多个项目中的密切合作。室内往往是建筑建造的最后一个环节，决定着建筑最终的呈现和使用者的切身体验，感谢张晔、邓雪映、曹阳等室内设计师以自身高水准的专业素养解决了太多项目末端的细节难题。

感谢我院赵鹏飞、郭红军、张扬等总监在项目选择和与业主沟通中的巨大帮助和有益建议，为我提供了心无旁骛专心创作的有力保障。

感谢文兵院长、修龙董事长在我成长重要阶段对我的支持和爱护，感谢孙英总裁在科研方向对我的培养。

感谢这些年来合作过的甲方，他们既给我们提出了高标准，又在合作过程中通过逐步沟通加深理解，给予我们充分的信任。这几年，我们接触的大多是极为复杂的大型项目，动辄持续好几年，或要在某一事件前准时完工。我们对项目的完成度要求又极为苛刻，是这些项目中的各位业主和施工单位给予的密切配合，才能让这些作品最终有了臻于完善的呈现。

景泉

目录 Contents

序 PREFACE
05

自述 FORWARDS
11

保留 PRESERVATION
24

南京月安花园住宅区

30 如何延续利用场地生态要素，形成健康活力的住宅区基底?
33 怎样在住宅区设计中营造出“月静人安”的诗情画意?
34 如何在住宅区设计中兼顾气候适应性与人本关怀?
36 有哪些途径可以使室外景观融入住宅?

对话 DIALOGUE
38

北京数字出版信息中心

44 为什么建筑立面形成了“面包片”一样的多层弧线?
45 为什么建筑会分成南北两个部分?
51 如何通过建筑立面使新建建筑与毗邻的历史建筑五爷府之间形成对话?
52 建筑立面的栅格如何实现形式与功能的统一?
54 建筑立面采用什么样的材质，使立面的形式既能体现出历史韵味又能体现时代性?

穿插 BLOCK-BUILDING
56

重庆国泰艺术中心

66 如何通过系统的建筑语言，实现内外形式与功能的统一?
72 根据建筑创新性的形式和复杂的功能体系，应该采取怎样的结构设计?
75 根据重庆地区的气候特点，应该选择哪些适宜的建筑表皮材料?
76 题凑的相互交叠处应该如何处理?
80 如何有序地组织施工，以保证建筑的完成度?
84 题凑夜间照明光源应该如何选择?

织补 WEAVING

94

北京威可多制衣中心改造

102 在建筑改造中，我们应该保留原建筑的哪些部分?

107 如何为建筑置入新的功能，从而在改造的过程中创造出适合设计与交流的创意办公空间?

110 如何用建筑语言诠释企业文化?

流动 FLOW

120

长春市规划展览馆

135 如何将自由的非线性形体解析成科学、可描述的工程语言?

141 建筑的曲面表皮应该选择怎样的材料来表现?

147 为实现自然的色彩过渡，使用金属铝板和玻璃两种材料应该分别采取什么方法?

凝聚 COHESION

154

鄂尔多斯市体育中心

170 如何使屋顶形成连续完整的曲面，从而将建筑“金马鞍”的形态表现出来?

173 体育场应该采用怎样的结构体系来实现建筑形态?

180 如何解决马鞍形屋面排水问题?

183 如何实现建筑、结构、机电一体化设计，使巨柱具备多重功能?

184 巨柱幕墙的材料与色彩应该如何选择?

围合 ENCLOSING

194

中国医学科学院药物研究所药物创制产学研基地

204 在高容积率的限制之下，如何通过合理的建筑排布创造出舒适的空间?

211 如何创造出丰富的交往空间?

215 建筑排布、室内布局要针对医学科研作哪些方面的考虑?

217 如何通过建筑语言再现协和的文化记忆，凝聚共同价值观?

记忆 MEMORY
224
太原市滨河体育中心改造
231 针对新的功能需求，应该如何决定新建和改造的内容?
238 对于旧建筑的结构应该如何利用?
247 改造与新建的部分如何有机地融合渗透，形成一个整体?
259 如何在保留原有结构的基础上提高建筑实用性及舒适性?

并置 JUXTAPOSITION
266
北京首钢工舍智选假日酒店“仓阁”
277 如何保留原建筑的基本格局?
282 如何尽可能地保留工业遗存，并赋予其新的功能?
287 对于保留的原有工业建筑结构，如何进行改造加以利用?
290 对于有污染物质遗留的工业遗存应该如何处理?

剖切 SECTION
306
太原旅游职业学院体育馆
314 体育馆如何兼顾赛时赛后综合利用?
316 体育馆如何展现山西厚重的地域性格?
319 体育馆采取何种结构体系，以达到缩短工期、节省造价的目标?

转译 TRANSLATION
338
2018年第十二届中国（南宁）国际园林博览会建筑群
352 园林艺术馆如何结合具体环境，创造富有特色、便于展期使用和会后运营的展示场馆?
358 园林艺术馆如何结合广西地域文化与气候特征，转译成具有特色的建筑文化?

364 基于建筑整体的空间策略，如何从多个维度实现建筑空间的节能与舒适?
371 东盟馆如何在展示东盟十国园艺文化的同时，表达出广西的地域特色?
375 为适应亚热带地区的气候，东盟馆应该选择哪些生态技术?
379 如何用现代的结构技术实现对传统建筑文化的转译?
382 赛歌台如何结合广西地域文化与气候特征，创造出独特观演体验?
384 结合赛歌台的建筑形态构想，可以从哪些维度考虑建筑的绿色节能?
391 清泉阁如何结合地域传统建筑特色，创造出丰富的体验空间?
392 结合清泉阁的空间特征，建筑应该采用怎样的结构体系?
394 如何借鉴地方知识，选择适宜的生态策略?

开放 OPENNESS
396

2019中国北京世界园艺博览会中国馆
403 位于世园会园区核心区域的中国馆，在远山近水平田的场地中，如何看风景？如何融入风景？如何自成一景?
404 在当前时代背景下，如何在世园会的国家馆中体现中国精神?
408 园艺起源于农耕，如何在世园会中国馆中体现农耕的智慧?
418 如何在中国馆的设计中实现对中国传统建构方式的当代转译，并使其结构满足园艺展览的需求?
421 在当前全球生态保护的背景下，如何实现中国馆的绿色建筑创新?
428 如何结合园艺主题的观展体验，创造具有中国特色的空间?
432 如何将景观引入室内，创造出“园林化”的室内空间?
438 中国馆应该采用怎样的照明方案?

项目信息 PROJECT INFORMATION
453

年表 CHRONOLOGY
461

后记 EPILOGUE
469

保留

PRESERVATION

南京月安花园
住宅区

Nanjing Yuean Garden
Residence Area

住宅是人类最早建造的建筑类型，是人类的庇护所，用以抵御自然的不确定性。今天，人类已经成为影响全球地形和地球进化的地质力量，地质学家认为这是一个全新的地质时期，将其称之为“人类世”。在这样的一个纪元，人类又该用怎样的方式来面对自然呢？

设计要尊重自然，充分利用自然原本的形态和原有的特色，让人工的建造与自然和谐地融合在一起。

Dwelling is one of the earliest man-made building types as shelters to resist the uncertainty of nature. Entering the age of Anthropocene, humans have profoundly affected the global topography and the evolution of the earth. What is the relationship between human beings and nature? The design should respect nature, make full use of its forms and characteristics, and rebuild the harmony between the artificial construction and nature.

居民在社区中闲庭信步 / Residents walking in the community

20年过去了，小区中的植被愈发葱郁 / Twenty years have passed, and the trees in the community have become more lush

　　探索一个花园式的住宅区模式，是我们一开始就在脑海中形成的概念——住宅不仅仅是遮风避雨的栖身之所，也承载着人们对于美好生活的向往。我们希望在住宅区设计中，景观成为建筑的有机组成部分。对于月安花园项目而言，我们希望能营造出“月静人安”的诗情画意。月安花园所选址的这片荒地，中央是一片杂木林，这片郊野情趣的树林与都市的喧闹形成强烈的对比。我们把这片树林保留下来并改造为整个小区的中央花园，建筑围绕着这个花园进行排布。而后，进一步设置若干个小组团，每个组团都以院落为核心，并与中央花园呈现辐射状的空间联系。整个社区采用周边式机动车道路和内环式非机动车道结合的方式，并沿庭院景观布置步行小径，实现机动车、非机动车和步行交通流线的彻底分离。人们在小区中再也听不到嘈杂的汽车噪声，孩子们也不用再担心穿越机动车道的危险。

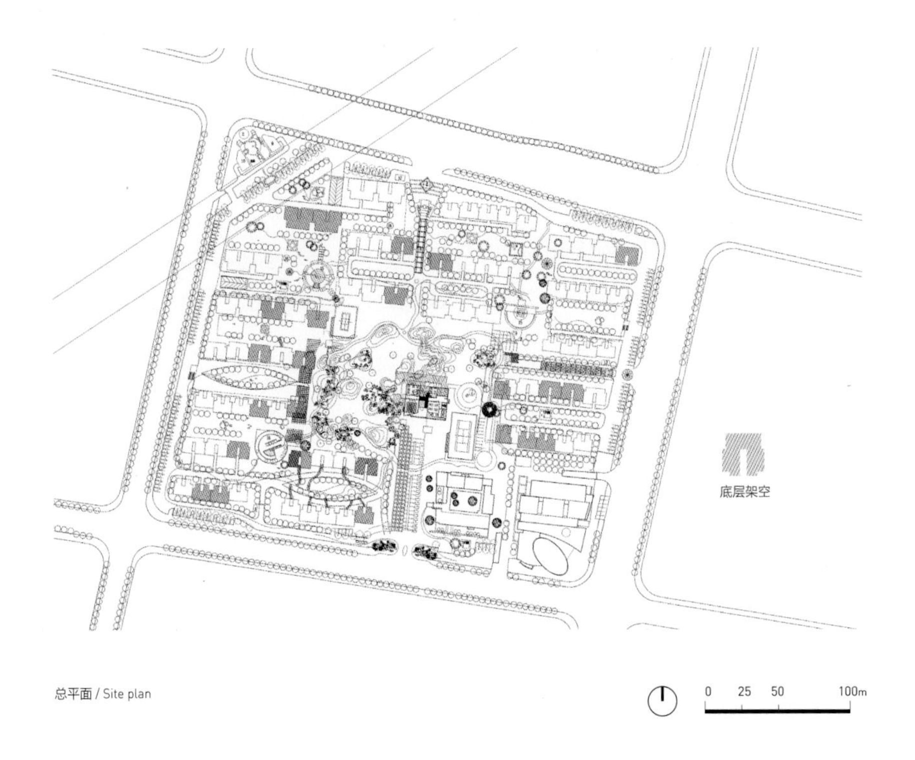

总平面 / Site plan

如何延续利用场地生态要素，形成健康活力的住宅区基底?

月安花园位于南京长江畔，在地块中心有一处杂木丛生的林地，这里鸟语花香，是城市绿肺的重要组成地，也是市民踏青会友的胜地。对于月安花园这样一个城市政策性住房示范项目，我们并不急于从商品房住宅区惯用的强排思路入手，而是以这块小的湿地为出发点，结合住宅区功能划分与公共空间需求，有针对性地梳理场地中的自然地形、溪流水塘与郊野树林，将它们保留改造为小区的景观系统。

该住宅区的景观系统是由核心绿地（面）、景观走廊（线）和院落绿地（点），以及由局部住宅底层架空形成的透景、街景所构成，实现点线面的相互渗透。其中核心绿地视线开敞，通过大片草地、水面、铺地的起伏变化，以及穿插其中的景观建筑、保留树木，组合成南北主景区，如同小区的“肺”；景观走廊由核心绿地向周边放射状分布，既形成了开放空间的延续，又是通过步移景异形成的视觉通廊，形成景观结构中一条条清晰的“支脉”；院落之间，通过错落与围合收放，形成对景渗透，如同景观结构中的“肺细胞”。最终通过延续利用场地生态要素，在视觉景观与空间结构上形成了生机勃勃的住宅区基底。

小区外围的景观设计，打破了社区的边界，与城市居民共享绿色 / The landscape design breaks the boundaries of the community and shares the greenery with citizens

怎样在住宅区设计中营造出“月静人安”的诗情画意?

月安花园通过自然与人文相融的设计理念，强调环境与建筑美的诗画合一。住宅区核心绿地取名“拥月桥”，利用自由曲线形成水面，水面与线型景观桥和白色雕塑点，在月光下环境显得格外宁静、安逸，玻璃体会所通透如水晶，充满诗情画意。人们透过住宅楼架空底层看到中心绿地的发光玻璃体会所和白色雕塑漂浮在静静的水面上，更是别有一番意境。

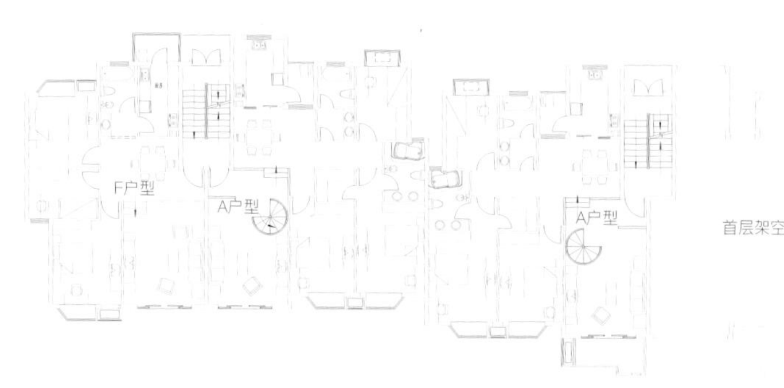

住宅楼首层平面图 / The first floor plan of residential building

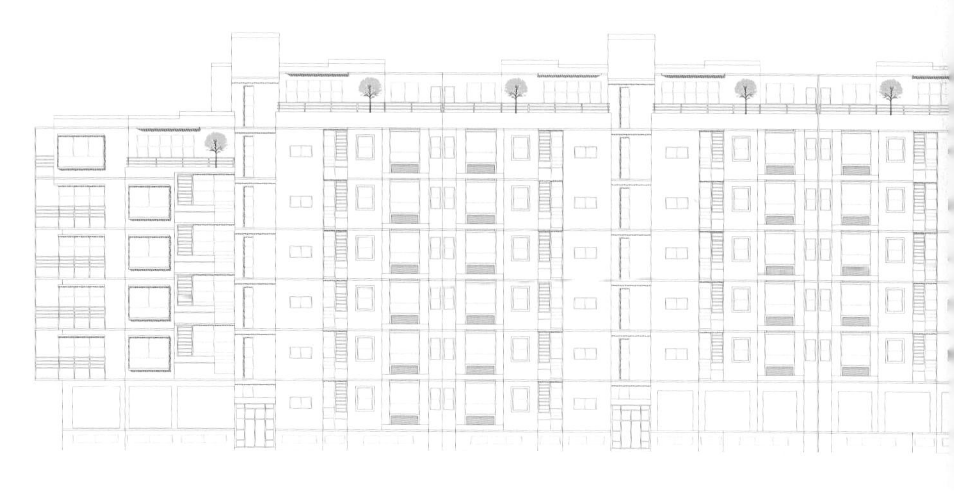

住宅楼北立面图 / North facade plan of residential building

如何在住宅区设计中兼顾气候适应性与人本关怀？

月安花园地处南京，属于华东亚热带湿润气候区，初夏梅雨绵绵，盛夏高温晴燥。为创造出能够遮风挡雨、遮阳降温的户外公共空间，设计在每栋多层住宅楼靠近院落景观的底层端部设置架空层，及少量顶层退台空间，为老人、儿童提供了气候舒适的交流驻足场所，将原本应设置居室的建筑空间转换为更具公益价值的社区公共空间，并连通周边花架、亭廊等设施，实现建筑、景观与慢行系统的一体化设计，兼顾气候适应性与人本关怀。建筑布局的围合收放、院落间的渗透沟通构成了流动性的、四季皆可享用的社区公共空间，深受老人与儿童喜爱。

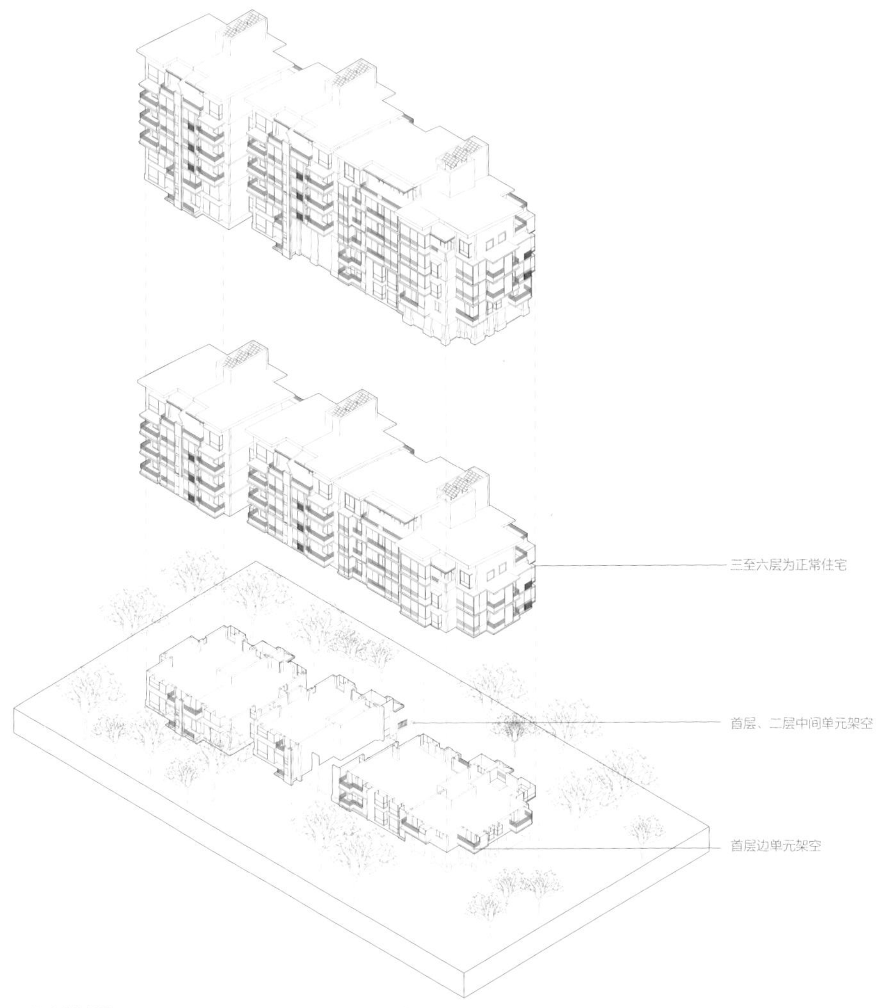

典型住宅楼轴侧图 / The axonometric drawing of typical residential building

建筑与景观相互渗透 / Architecture and landscape are integrated

灯光通过楼梯间的玻璃砖，形成柔和的色彩 / Soft lights through glass tiles of stairwell and balcony

有哪些途径可以使室外景观融入住宅？

月安花园大部分住宅楼为6层，楼梯便成为每家每户的日常使用空间。楼梯间采用落地窗形式，并采用了玻璃和玻璃砖等多种材质，室外的四季变化可透过大面积的玻璃窗映射到楼梯间中。

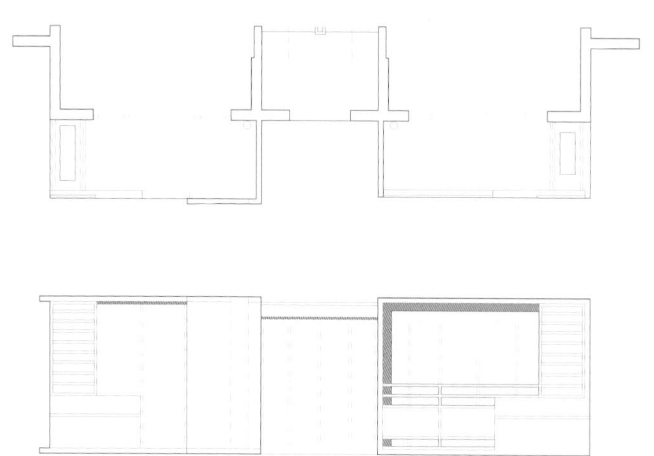

阳台节点详图 / Details of balcony

对话

北京数字出版信息中心

DIALOGUE

Beijing Digital Publication Information Center

在北京这样一个历史上是由四合院组成的城市，低矮连绵的屋顶构成城市原本的天际线。但随着城市的发展，在城市中心涌现出越来越多的高层建筑。例如在金融街、国贸这样的地段，新建筑鳞次栉比，我们却很难在这样的地方感受到北京这座有着六百年都城历史的城市原本的气质。北京数字出版信息中心作为一个由本土建筑师设计的高层建筑，该如何表达出它的地域特色，如何回应它所处的城市环境呢?

Siheyuan (quadrangle, a traditional dwelling form of in Beijing) used to dominate Beijing's skyline with its continuous low-reaching roofs. However, they have been increasingly replaced with high-rise buildings in the city center. Rows of new buildings rose from the ground in the Jinrong Street and Guomao areas, overshadowing the original qualities of this historic capital. In the Beijing Digital Publication Information Center project, how would local architects reconcile the design with its surrounding urban environment and celebrate the charm of locality?

从朝内大街看建筑 / View from the Chaonei Road

建筑原型：博古架 / Archetype: antique shelf

北京数字出版信息中心是北京市新闻出版局和中国出版集团的办公楼，是一座5A级智能写字楼。位于朝阳门内的这座建筑受控于一条复杂的高度控制线，从南到北由30米到40多米，再到20多米，导致建筑轮廓落差很大。与南北向的高度变化相比，用地东西向的尺度也存在着极大的反差：西侧保留着北京市级文物保护单位恒亲王府（俗称“五爷府”），东侧则与中海油总部大楼这一庞大的现代建筑隔街相对。

建筑在场地苛刻的规划设计条件限制之下，在有限的场地空间内创造出丰富的空间效果，并在建筑形态、立面设计、材料选择上对其所处的城市空间予以回应，使之既与原有的东西两侧风格迥异的建筑相呼应，又体现出独特的风格。

建筑生成过程 / Design process

总平面图 / Site plan

方案阶段效果图 / Rendering of proposal

为什么建筑立面形成了“面包片”一样的多层弧线?

北京数字出版信息中心是在崔愷总建筑师和郑世伟总带领下参与方案投标，中标拿下的项目。在投标阶段，我们就确定了建筑为曲面形态，尝试用曲面连接各高度的控制点，不仅满足日照的条件，而且尽可能多地创造了可利用空间。起伏的建筑轮廓与四合院的屋面坡顶，以及呈曲面三角形的中海油大楼也形成呼应。这个项目后续的深化由何咏梅、林琢总负责，我参与其中立面及空间形态的部分。在后续的深化中，逐步完善建筑高低错落的轮廓线，使其卷曲的走势与外部的建筑高度控制线、内部功能进一步契合。由于建筑的轮廓线呈弧线型，建筑端部空间尤为重要，这些特殊的空间设计有屋顶花园、弧形走廊等功能。变化的外轮廓使得建筑空间也更为丰富。

为什么建筑会分成南北两个部分？

由于业主需要对建筑进行分期开发，在投标阶段，建筑被垂直切分为南北两个部分，但在后续深化中，我们在对建筑形体进行有机切分的同时兼顾其整体性，使得即便是不同时期的建设，建筑内部结构相对独立，但视觉上保持统一性。

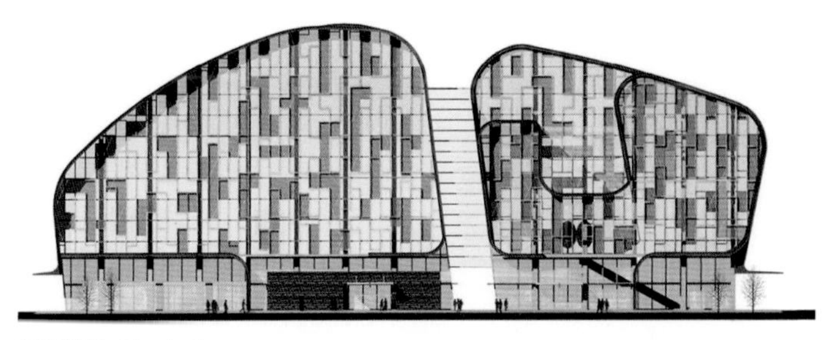

东立面图 / East facade plan

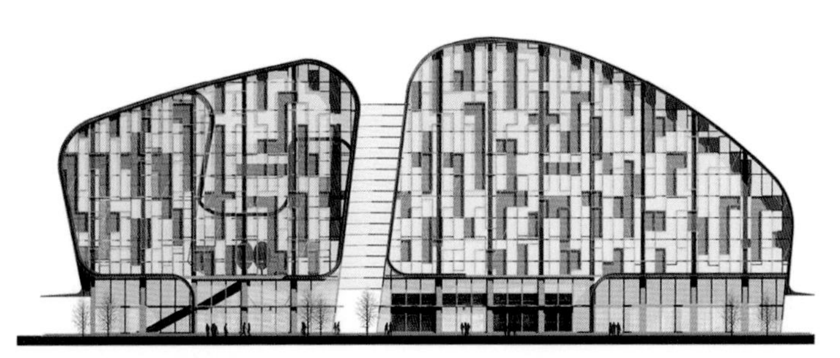

西立面图 / West facade plan

东立面日景 / Day-time view of the east facade

从五爷府看建筑局部 / View from the Mansion of a Prince Heng

如何通过建筑立面使新建建筑与毗邻的历史建筑五爷府之间形成对话？

考虑到西侧五爷府四合院的历史价值、人文价值及景观价值，设计希望在建筑布局、建筑细部尺度和形态上与历史环境和建筑建立共生关系。建筑立面的弧形灰色金属板与五爷府古建屋面灰色筒瓦相映成趣；在玻璃幕墙外的格栅意向源自传统博古架，与五爷府的建筑构件和其中的陈设之间形成了古与今的奇妙对话。

建筑立面的栅格如何实现形式与功能的统一？

由于场地狭长呈南北向，东西向日照强烈，建筑立面的格栅在功能上起到了横向及竖向遮阳的作用，这一点在东西朝向且有大面积玻璃幕墙的建筑中尤其显得重要。通过良好的遮阳使建筑更节能环保。此外，这些格栅也使人联想起传统博古架。

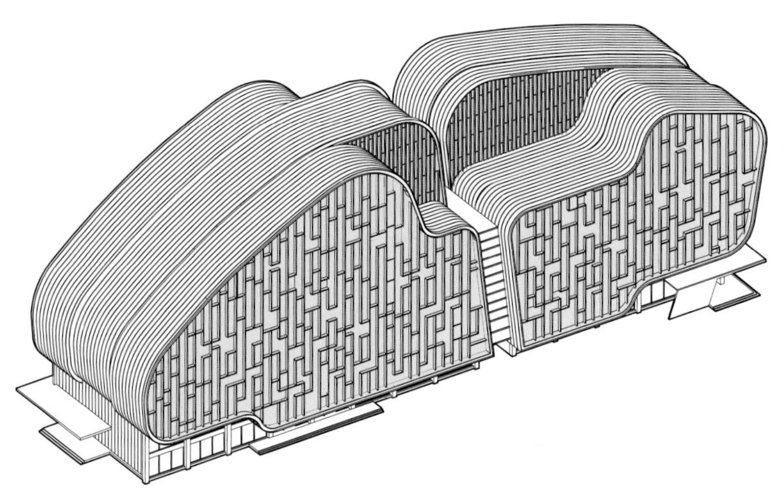

轴测图 / Axonometric drawing

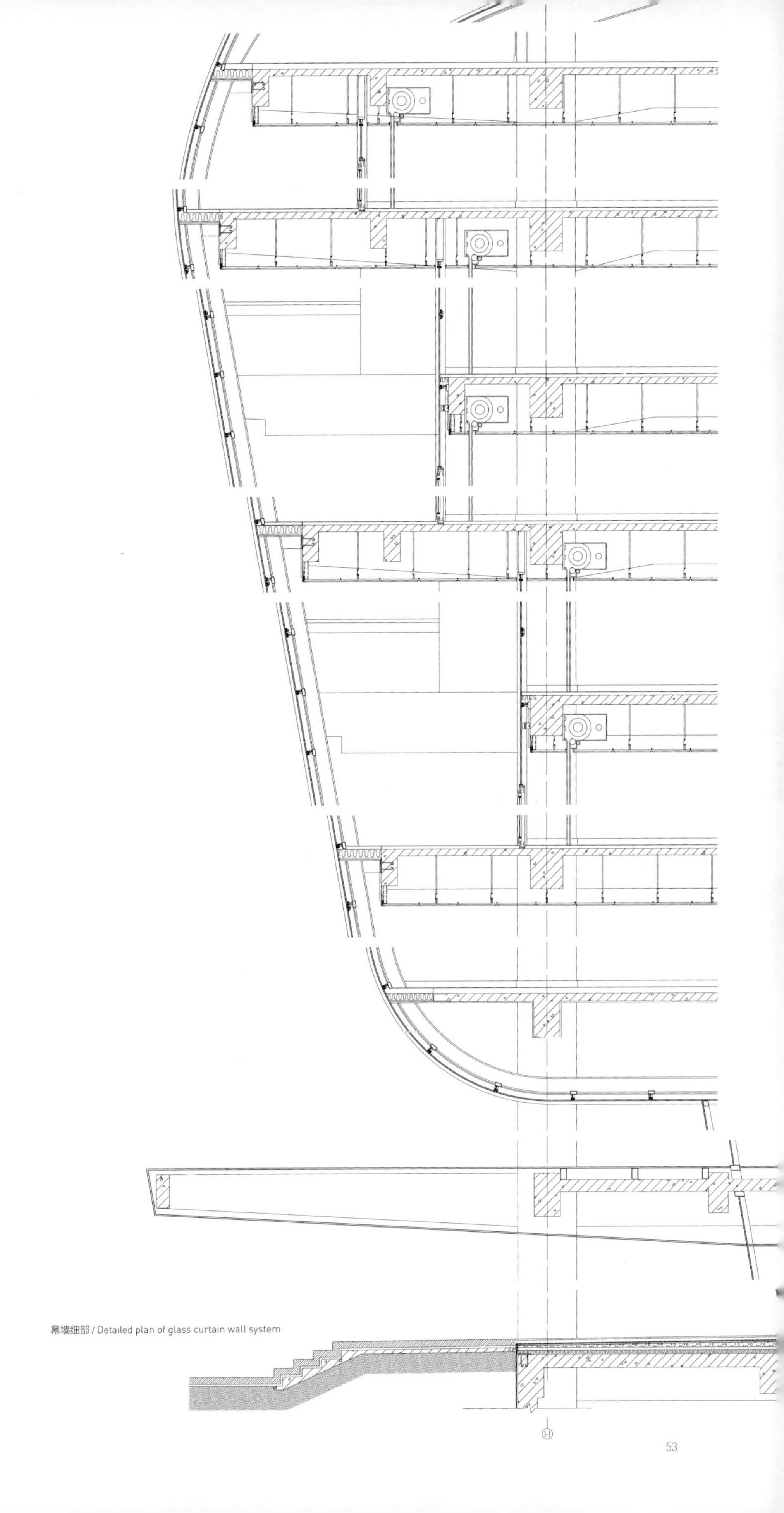

幕墙细部 / Detailed plan of glass curtain wall system

建筑外立面曲线呼应了传统建筑屋顶的曲线 / The curve of the building facade echoes the form of traditional building roof

建筑立面采用什么样的材质，使立面的形式既能体现出历史韵味又能体现时代性？

设计在立面材料及颜色的选取上亦考虑到建筑与周边环境的呼应。建筑立面材料主要选择钛锌金属板和玻璃。玻璃的大面积使用与全玻璃幕墙的中海油集团大厦产生了呼应，钛锌金属板的色调使得建筑显得沉稳，传达出了中式传统木构建筑的历史韵味，与毗邻的五爷府相融合。混凝土与金属板的使用同时也能表达出简洁高效的时代性与未来的可持续性。北京城的过去与现代在这种新旧相间的材料与建筑色彩中隐现。

穿插 BLOCK-BUILDING

重庆国泰艺术中心 Chongqing Guotai Art Center

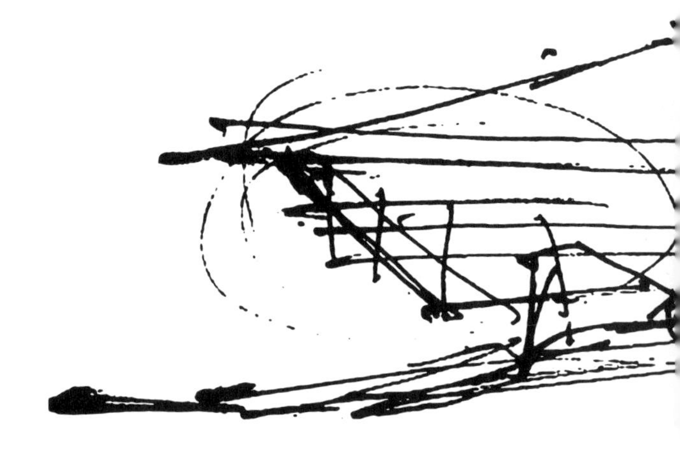

草图 © 崔愷 / Conceptual drawing © Kai CUI

在多样性的城市建筑与居民行为影响下，建筑与城市在调和与过渡、渗透与交融之间，承载着居民活动的多样性。建筑不应当增加城市空间的紧迫感，而应当对城市空间、视线与景观都做出贡献。由此，建筑所构建的“开放界面”，成为建筑与城市的交融点，令建筑不仅是容纳当地文化活动的载体，也是传递展示当地文化信息的媒介；在建筑与城市间的界面产生将内外空间趣味性联系的交叉点，贯通建筑内外，并且令这些交叉点结合建筑结构，形成多样的建筑表皮。

Architecture serves for citizens' various activity demands in diverse forms and through its permeation, transition, and integration into urban environment. Instead of increasing the city's construction density, architectural design should improve urban spaces, sightlines, and landscapes, create open interfaces for people's interactions with the city so as to encourage local cultural activities and exchanges. Such open interfaces can also create vibrant interior and exterior spaces and diversified facades.

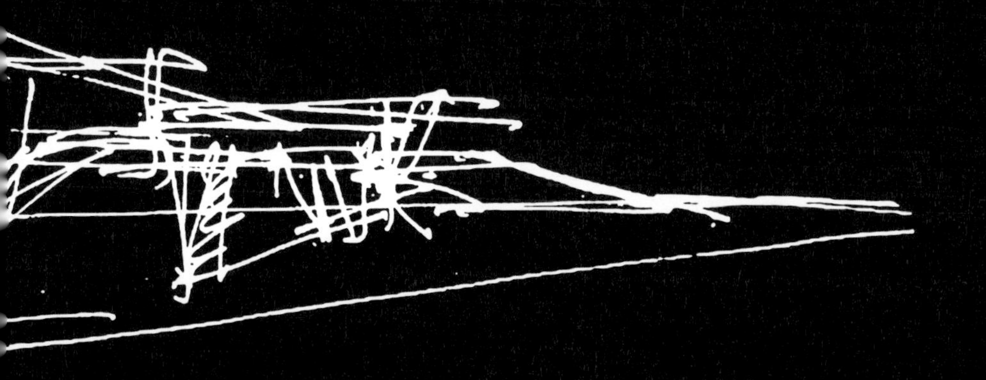

城市的"篝火" / The bonfire of the city

国泰艺术中心坐落于重庆市CBD核心区，作为重庆市重点建设的“十大公益设施”项目之一，其具备特殊的地理位置和历史意义。其前身国泰大戏院成立于1937年，是重庆抗战时期的文化圣地，也是重庆市民文娱生活的重要场所。新世纪初，重庆市政府将国泰大戏院列入解放碑地区改造计划，将大戏院、美术馆、电影院、歌舞团、画院等机构整合成新的“重庆国泰艺术中心”。我们试图以重庆山水为背景，体现地域建筑的时代性、标志性与城市精神性，并依托全专业一体化的技术设计，实现真正的“现代地域性建筑”。

与国泰艺术中心毗邻的是重庆渝中区极受欢迎的仿古商业旅游建筑群洪崖洞；在艺术中心及其广场周边，是层叠的高密度城市中心城区。国泰文化中心作为渝中区重要激发城市活力的文化建筑，集戏院、美术馆、电影院等功能于一体，与高层城市空间结合，并试图以建筑的张力反映城市特点，从城市形态和建筑精神上“复兴”老城区。由此，建筑需要具备更多的开放特质，与城市民众充分互动。

首先，建筑不是封闭的雕塑，而是开放的平台。建筑中应设立多层级文化平台，向市民开放，通过建筑功能组织促进公众参与；这个层级的关系使在建筑中的步行感受被大大优化。其次需要考虑到作为文化建筑的艺术中心与商业建筑的链接。国泰艺术中心主体部分由大剧院和美术馆组成，剧院建筑由于演出功能所限，白天大部分时间闲置；美术馆恰好与其互补，使用功能集中在白天。

国泰艺术中心周边城市文脉 / Urban context of Guotai Art Center

国泰艺术中心位于高楼林立的城市中心 / Guotai Art Center among the high-rises in city

模型图 / Model

总平面图 / Site plan

如何通过系统的建筑语言，实现内外形式与功能的统一？

国泰艺术中心建筑中互相穿插、叠落、悬挑的立面筒状构件名为“题凑”。“题”是指木头的端头，而“凑”是工法，指排列的方式。“题凑”是汉代的一种营造工法，仅皇家和贵族能够使用。设计团队了解到题凑这一营造工法后，发现其确与国泰艺术中心建构逻辑有显著的共通之处。来源于对斗栱、穿斗等巴蜀传统建造方式提炼的方案，其现代的形式，与最为古朴的题凑工法却极为契合。题凑体现了中国文化中对建构逻辑理解的一贯性，也让国泰艺术中心在传统文化中找到了根。

题凑所使用的黑色与红色具有鲜明的地域特征，既赋予建筑两种不同的色彩性格——或奔放热烈，或深沉厚重，这样的配色也契合巴蜀地区常见建筑用色和对当地影响深远的秦汉文化中的尊贵之色。题凑高高迎举、顺势自然，不仅是重庆人最本质的精神追求，更是系统的建筑语言。

在城市层面，整个场地有六米的高差，建筑功能尤为复杂，包含三个剧场、一个美术馆和一个驻场剧组办公及排练场。通过运用题凑叠梁架柱的特点，在高楼林立的缝隙之间，体现出本地穿斗建筑的特色。建筑采用立柱支撑，将地面空间大量留给市民，向上通过题凑把复杂的建筑功能组织起来，并将城市立体空间和功能流线相结合，创造出山城步道的特色，使公众在立体地游走中，在对城市的观赏中，内与外、上与下、建筑与城市统一在一起。

在建筑层面，题凑作为建筑的基本组成构件，具备真实的功能，不仅构成了剧场、美术馆功能主体与建筑中心多层贯通空间，而且围合、连通建筑外部的平台、立柱、楼梯与坡道，实现了城市共享与安全疏散的空间融合。

在结构层面，题凑作为结构支撑，通过堆积、叠合的手法，为建筑形态带来了“如鸟斯革，如翚斯飞”的态势。同样形式的构件，同样手法的堆积叠合，在岁月长河与地域间，因各自文化差异和审美倾向，表现出丰富而迥异的空间感受。

在绿色节能层面，题凑作为建筑设备载体，红色构件是建筑通风系统，黑色构件内蓄水作为冷媒，两套构件共同发挥作用，形成了建筑节能系统。

小题凑：
黑色小题凑：建筑“题凑出挑”空间的水平联系、出挑与竖向承重的构件，内含建筑设备构件。
红色小题凑：建筑“题凑出挑”空间的水平联系构件，与黑色小题凑隔层交叠，内含建筑设备构件。
“国泰”题头：小题凑构件的正方形端部截面构件，红面为“国”，黑面为“泰”，是题凑的“题头”，也是内部建筑设备散热通风处的口部装饰。

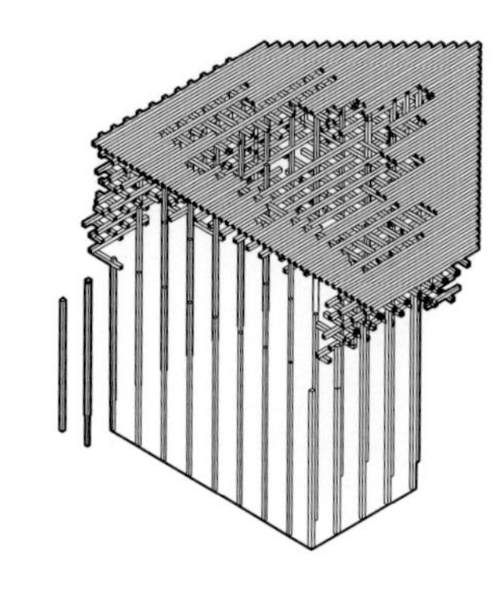

大题凑：
题凑主题造型的艺术展示、观演、城市观景与商业展示功能空间。

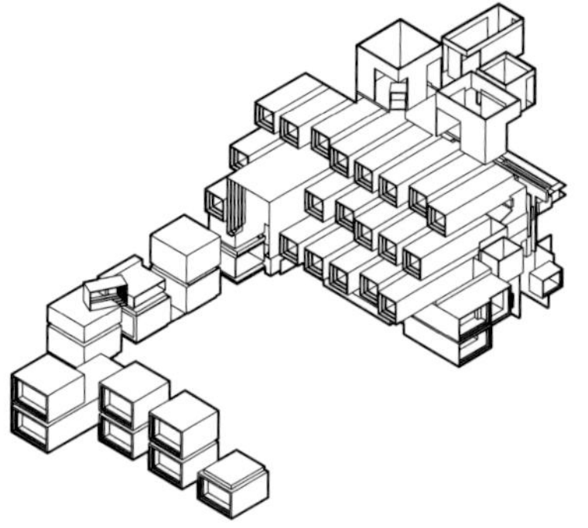

楼板、墙体：
楼板、墙体为建筑的主体承重结构，通过不同层高与结构体系的配合以满足功能需求。

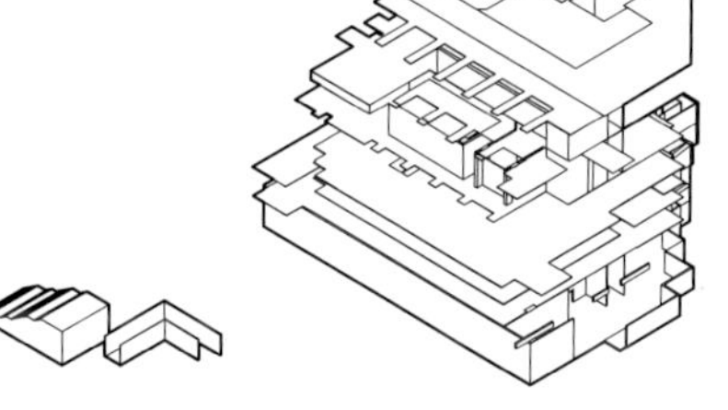

城市阶梯：
建筑檐下城市空间界面，各层功能出入口的主要垂直交通联系设施，结合不同标高观景平台，使人们穿行驻足于城市立体森林中。

幕墙、基座：
幕墙为建筑面向城市空间的通透型界面，使建筑与城市相互交融。基座向内围合出建筑室内公共空间，向外构成建筑檐下城市空间的实体界面。

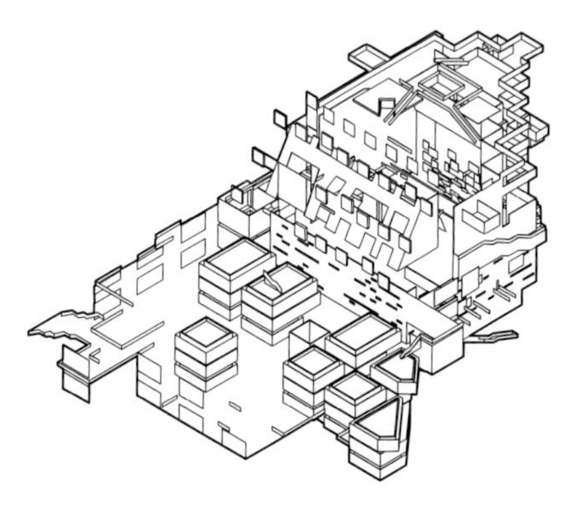

解构建筑 / Deconstructing diagram

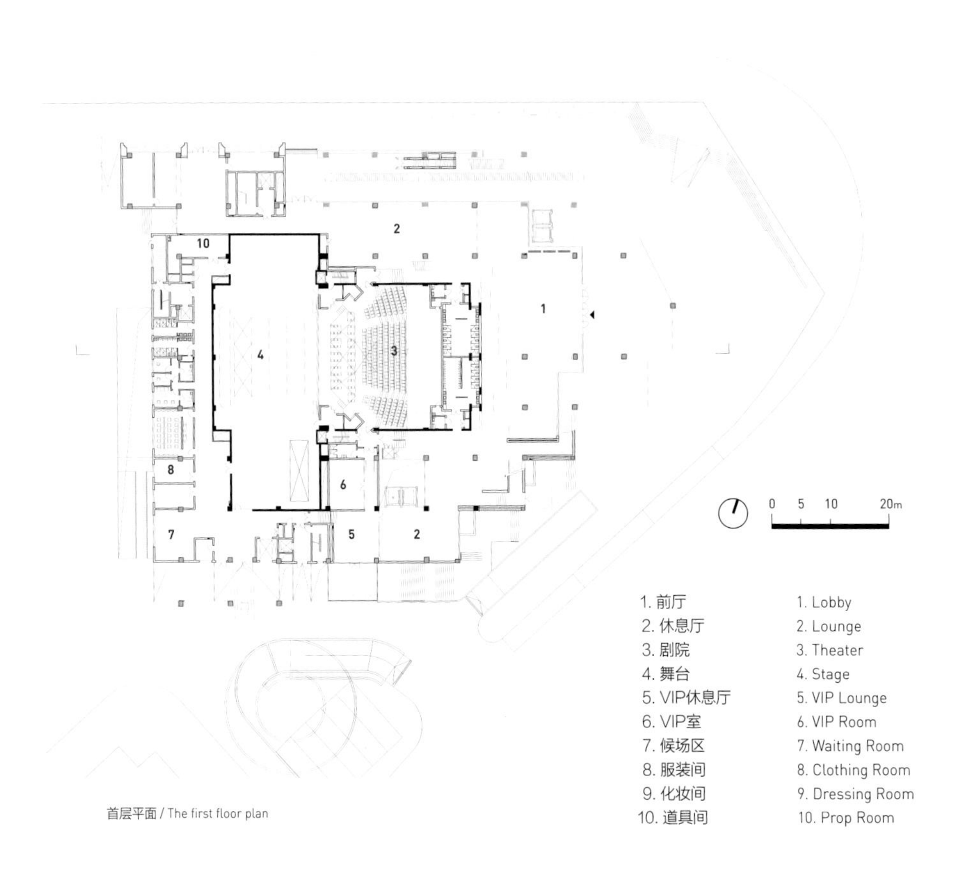

首层平面 / The first floor plan

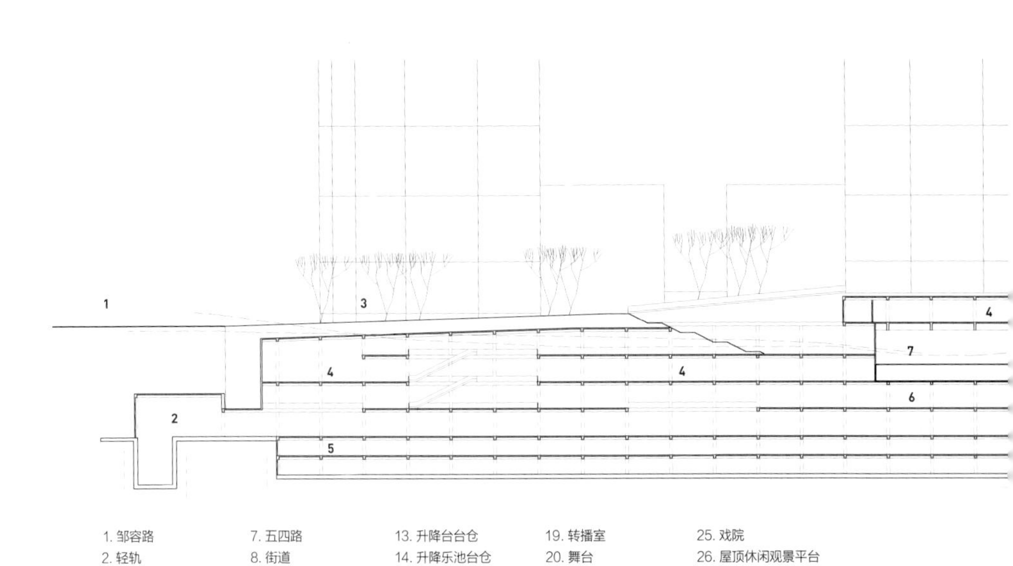

1. 邹容路
2. 轻轨
3. 城市广场
4. 商业
5. 停车场
6. 走廊
7. 五四路
8. 街道
9. 后台服务
10. 消防水泵房
11. 消防水池
12. 停车场
13. 升降台台仓
14. 升降乐池台仓
15. 小剧场
16. 休息厅
17. 卫生间
18. 门厅
19. 转播室
20. 舞台
21. 戏院
22. 调音室
23. 美术馆
24. 屋顶休闲庭院
25. 戏院
26. 屋顶休闲观景平台
27. 美术馆入口

剖面图 / Section

题凑效果图 / Rendering of Ticou

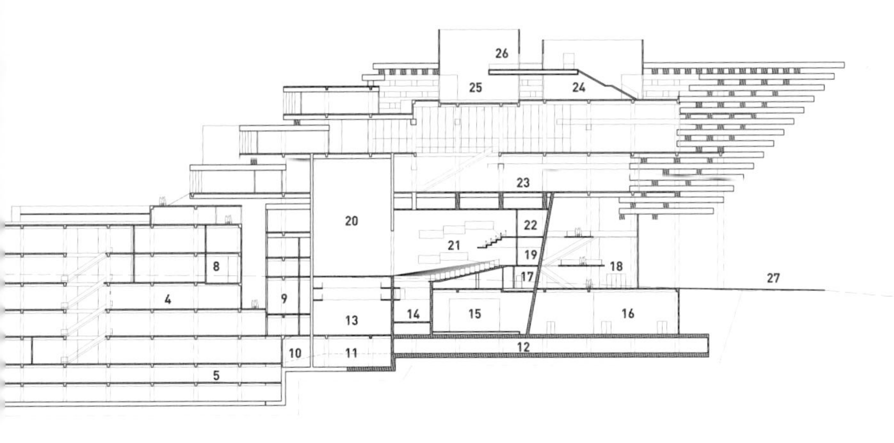

1. Zou Rong Road
2. Light rail
3. Square
4. Commercial space
5. Parking lot
6. Corridor
7. Wu Si Road
8. Street
9. Background services room
10. Fire pump room
11. Fire pool
12. Parking lot
13. Lifting platform
14. Lift the Orchestra Hall
15. Mini theater
16. Lounge
17. Toilet
18. Lobby
19. Broadcasting room
20. Stage
21. Theater
22. Tuning room
23. Art Gallery
24. Roof courtyard
25. Theater
26. Roof platform
27. Art Gallery Entrance

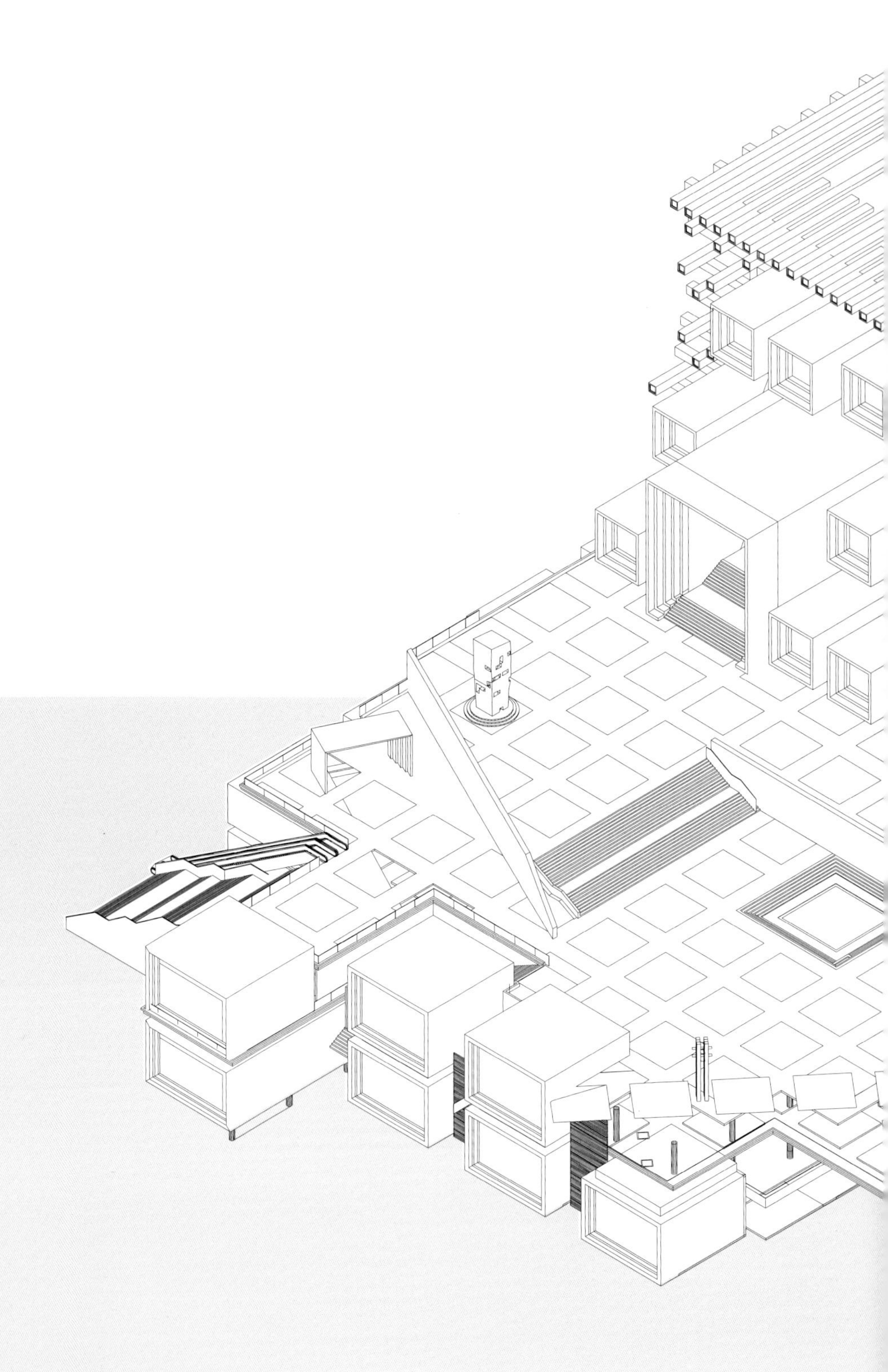

轴测图 / Axonometric drawing

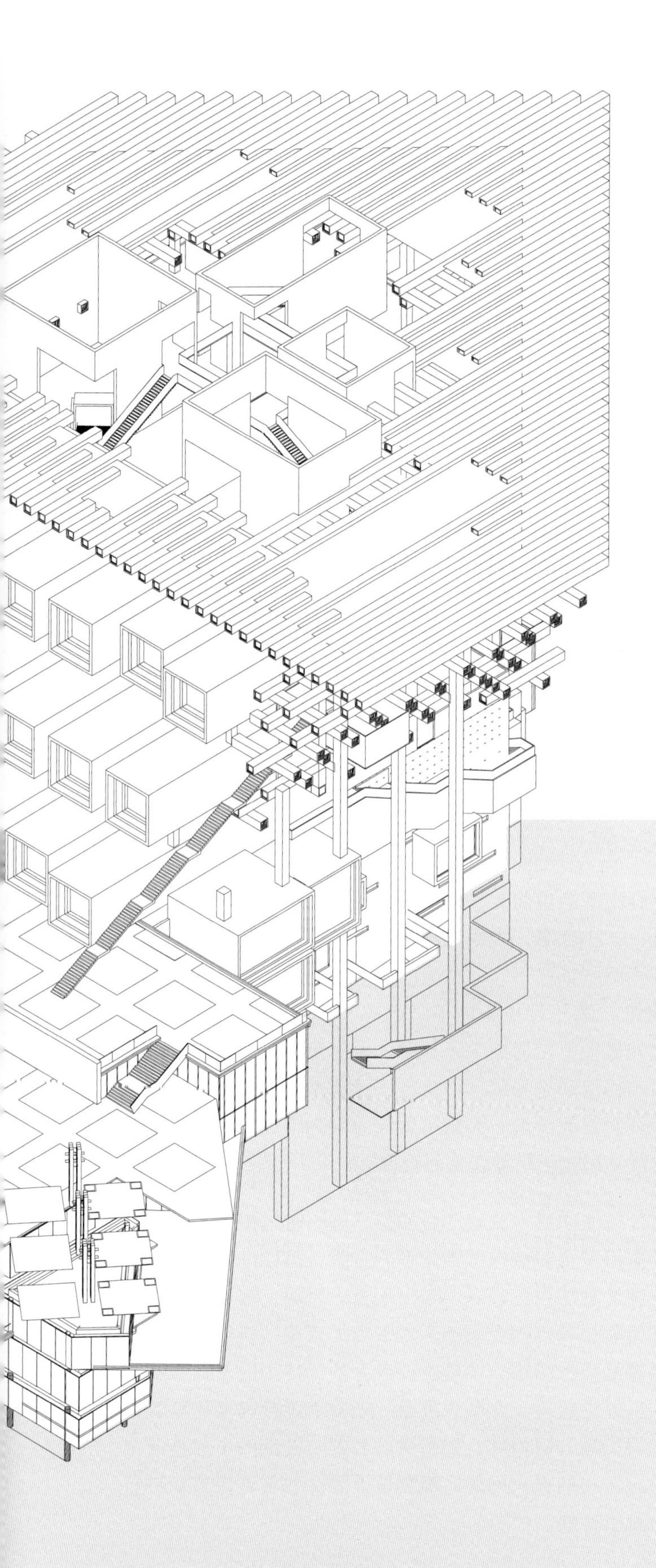

根据建筑创新性的形式和复杂的功能体系，应该采取怎样的结构设计？

国泰艺术中心的建筑创新性设计理念和与城市紧密联系的复杂功能体系，给结构设计和建造带来了多方面的挑战。

为实现创新性的题凑设计理念，探索相匹配的结构体系，在开始阶段，我们总是希望堆砌结构，每一根题凑都定位准确，方案显得呆板，没有重庆吊脚楼的灵动之感。

当我们加入几个变异体、玻璃盒子、平台和坡道后，原有的秩序被打破，结构体系不再成立，为把吊脚楼的独特气质充分表现出来，悬挂结构体系应运而生。

通过三层题凑形成整体桁架来悬挂下面的构件，所有题凑可以任意加减，产生灵动之感，让建筑有了生命，有了重庆自身的特色，这正是很多游人在参观完国泰艺术中心后，不知其建筑如何搭建，不知其结构体系内在逻辑的奥妙所在。

如何在高密度的城市环境中实现建筑复杂功能与空间的整合，是结构设计的重中之重。

其一，市中心密集的功能需求和狭窄的场地，使得国泰艺术中心的三个主要功能——小剧场、大剧场和美术馆不得不呈现为一种竖向叠加关系，大空间的剧场在下，小空间的美术馆在上，给结构设计和施工造成巨大难度；音乐厅位于地下，则不利于建筑疏散设计。多种类型的功能空间叠加（包括地下停车库、设备用房、小音乐厅、大剧场、美术馆、市民活动空间等），决定了建筑需要进行多次结构转换，同时具有大开洞、大跨度、大量错层等一系列不规则因素，其结构设计和施工难度甚至接近桥梁建造的程度。

其二，作为公益性项目，其建造必须在严格的造价控制下进行。最初，结构设计采用了全钢结构框架体系的方案，可以使结构各部分连接比较方便，整体延性也比较好。但出于造价原因，应业主要求修改为主要采用框架剪力墙结构，局部区域采用大跨重型转换桁架和悬挑空间桁架的钢骨混凝土结构，小题凑设计为顶部持力的悬挂结构。钢结构主要用于室外的题凑、西侧大挑台、观众厅上部转换桁架，以及其他转换钢骨梁和部分钢骨柱。如何保证各部分之间的可靠连接成为施工图设计和施工中的重大问题，需要设计团队对各连接节点进行分析，确保传力直接有效。

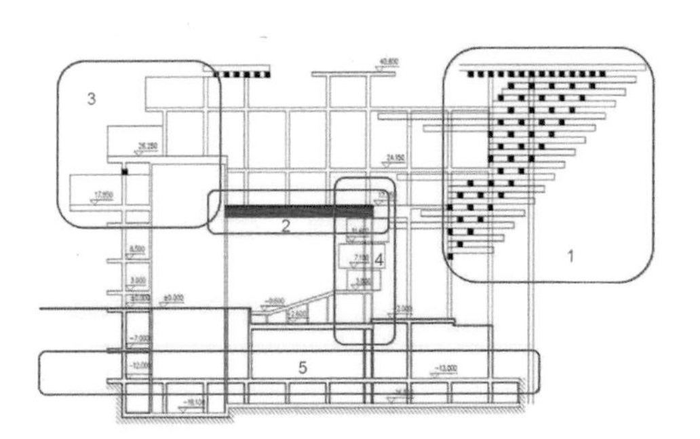

1. 题凑桁架
2. 转换桁架
3. 美术馆悬挑结构
4. 剧场包厢结构
5. 嵌固位置

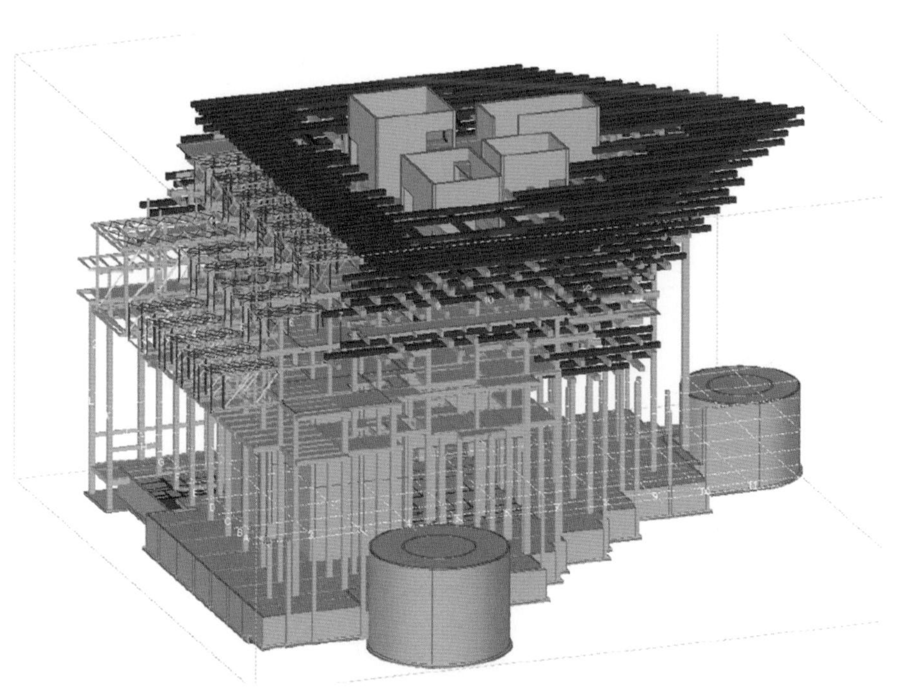

结构体系方案 / Structural system

不同光泽度的红黑题凑相互映衬 / Red and black Ticou in different gloss levels

施工中的题凑 / Ticou in construction

根据重庆地区的气候特点，应该选择哪些适宜的建筑表皮材料?

悬挑题凑构件的表皮材料选择是一个漫长、复杂的过程，前后经历了一年多的时间。重庆地区多雾，气候条件高温、高湿甚至常有酸雨，因此要求室外材料具有良好的自洁性、耐久性和耐腐蚀性。

在表皮材料的选择上，经过多次论证和探讨，蜂窝铝板成为合适的材料。蜂窝铝板强度较高，且外观平整，比较适用于题凑的构建和相互搭接。选择蜂窝铝板也与其使用的滚涂工艺有关，相比喷涂方式，滚涂工艺在漆面的附着力、耐久性、自洁性、颜色、光感等方面的表现更好，尤其是可以产生题凑外观所需要的高光效果。

在表皮材料的肌理上，我们开始也采用了几种表面肌理的蜂窝铝板，通过平整度与边部吻合效果的对比，确定采用平板方案，这也为后续题凑的节点设计奠定了基础。

重庆湿热多雾，黑色作为建筑用色并不少见，但红色就很容易显得“燥”。因此，板材的漆面处理也经过了反复试验和比较，最终决定红色题凑选用中国红哑光色，黑色题凑选用亮黑色内掺10%的银粉。在红色哑光板与黑色亮光板的组合中，红色题凑能够防止高反射度带来的焦躁感觉；黑色题凑也能够映衬热烈的红色题凑，不至于呆板，增加了建筑的立体感和肌理的相互渗透。随后，设计人员还进行了漆面反射度的试验和调整，确保映衬感达到最佳效果。国泰艺术中心建成后，红黑相间的题凑在常年雾霾笼罩的城市中成为一抹亮色，深受市民欢迎。

题凑的相互交叠处应该如何处理？

对于题凑的交叉位置，由于此处主体钢梁连接构件太大，超出了面板的尺寸范围，构造设计采用了两种解决方案：一是将交叉位置的块板做在钢件之外；二是保持题凑断面为1050毫米×1050毫米，蜂窝铝板在此位置断开，外露钢件涂刷氟碳漆。

为避免题凑内部出现雨水渗漏，特别是强腐蚀性酸雨侵害，导致内部的钢结构框架产生腐蚀，除了采用锌加涂料外，也设计了专门的防水构造，即使雨水渗入题凑内部，也可以通过其底部的溢流口流出。题凑两端也并非完全封闭，由红色的“国”字和黑色的“泰”字组成的端头冲口铝板，可以确保题凑的通风、散热、水汽溢出，防止水汽凝结。

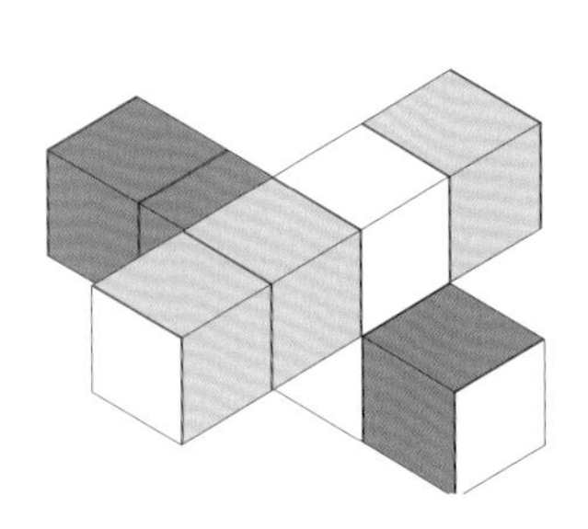

交叉细部

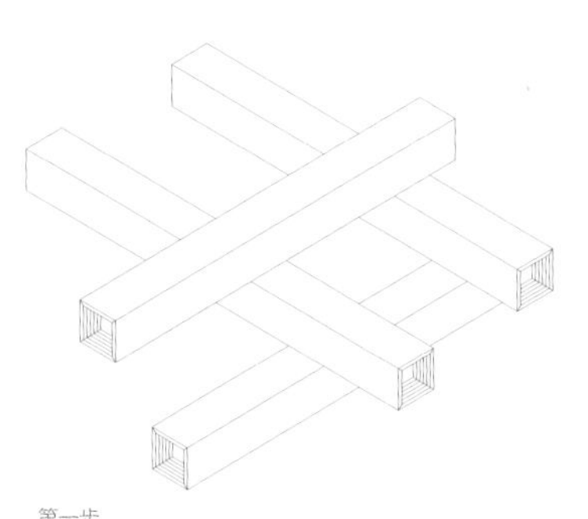

第一步
放准确每高差相邻两层题凑的线

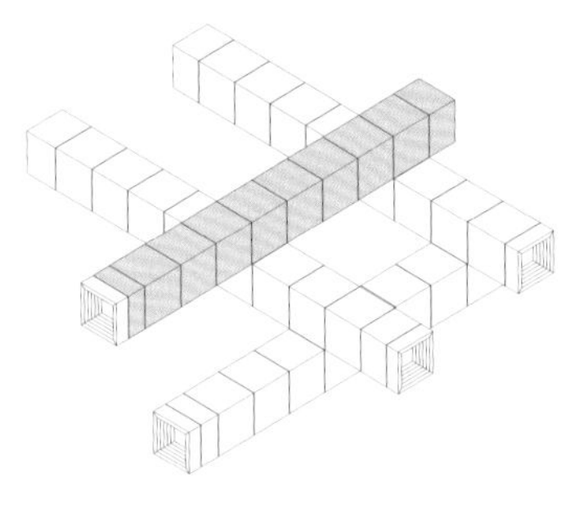

第二步
安装上一层题凑的蜂窝铝板，同时交叉位置下一层题凑的线放准确

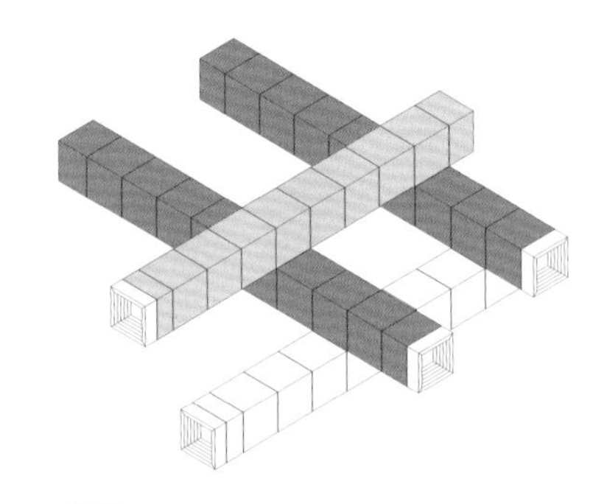

第三步
安装下一层题凑的蜂窝铝板，每一层依次向下安装

交叉、端部安装示意图 / Schematic diagrams of crossing and ends installation

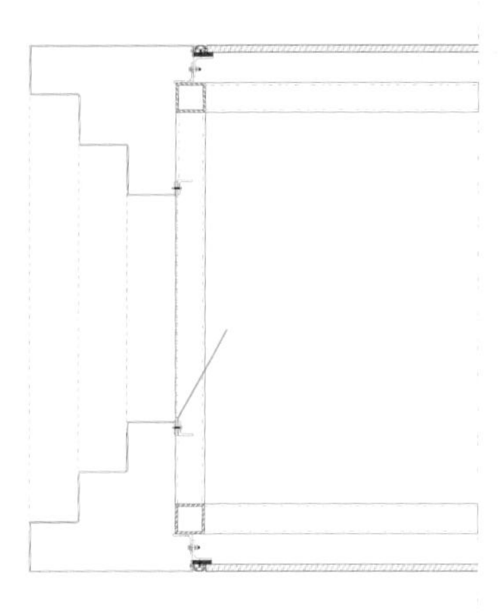

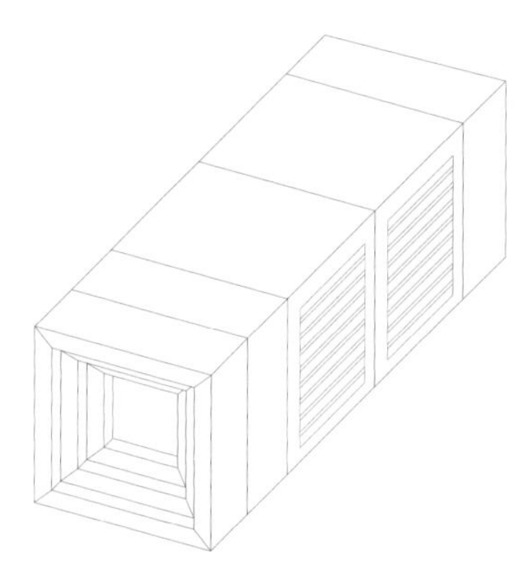

小题凑端部模型
Model of the end of smaller Ticou

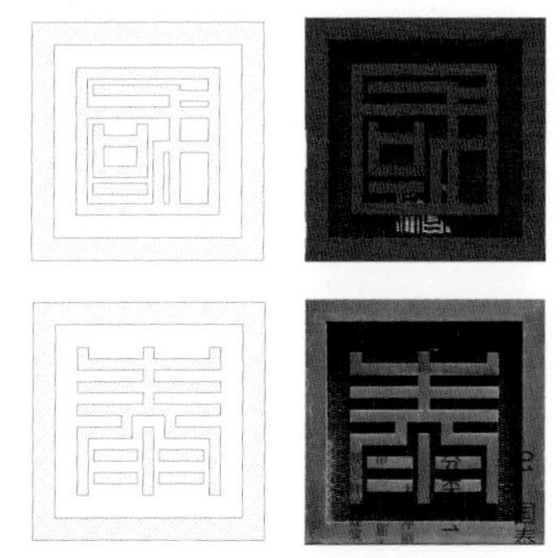

由红色的国字和黑色的泰字组成的端头冲口铝板 / End punched aluminum plate composed of red Guo character and black Thai character

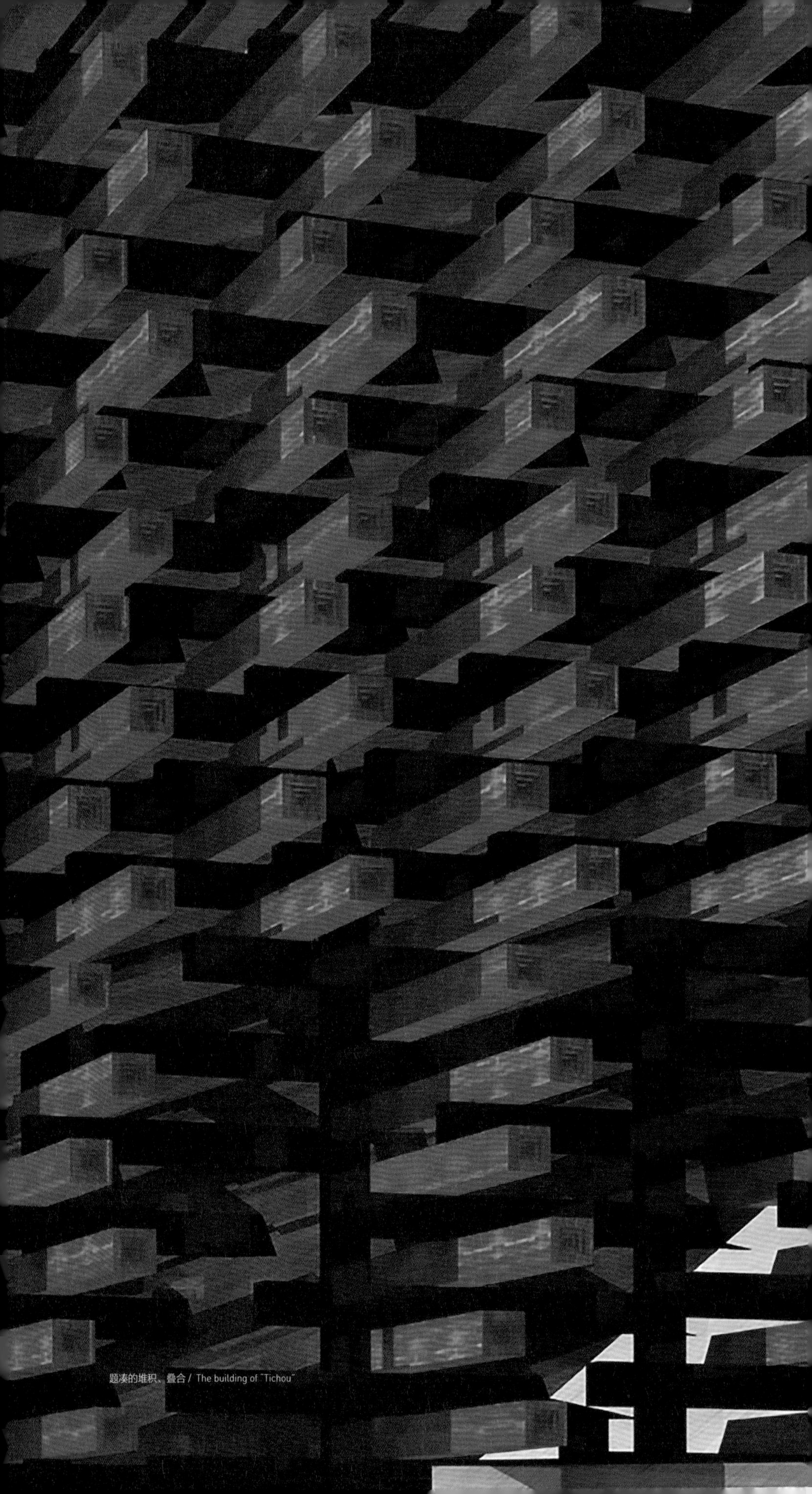

题凑的堆积、叠合 / The building of "Tichou"

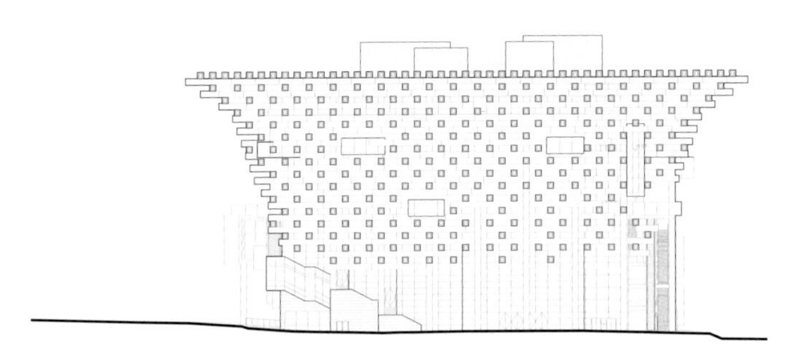

东北立面图 / Northeast facade plan

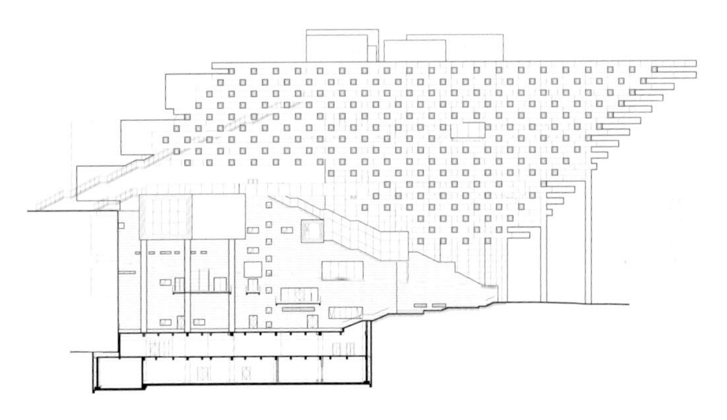

东南立面图 / Southeast facade plan

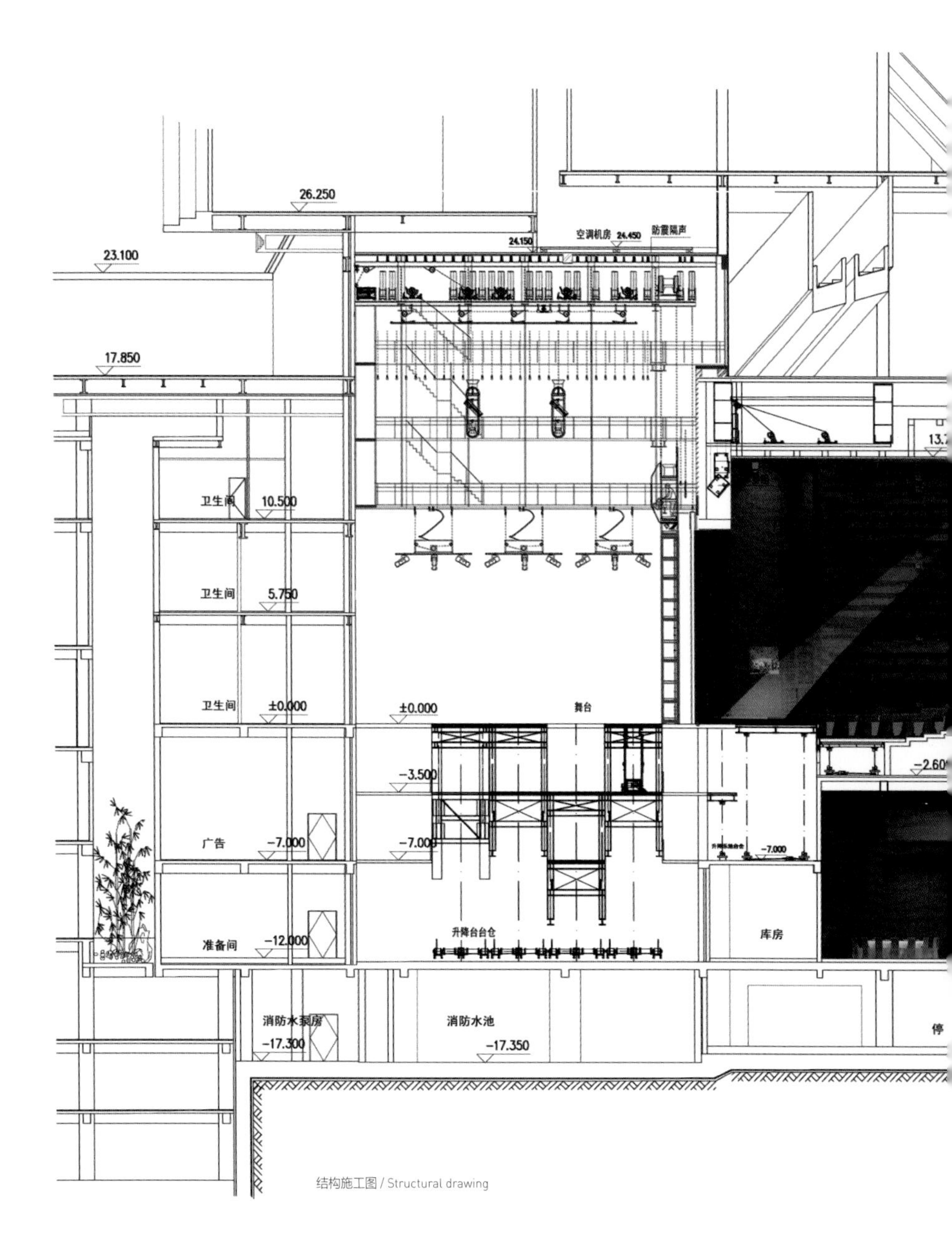

结构施工图 / Structural drawing

如何有序地组织施工，以保证建筑的完成度？

国泰艺术中心的外形独特，内部功能复合多样，所处城市位置又非常特殊，在长达八年的设计建造过程中，各个环节都是由设计单位和施工单位紧密配合得以完成的。

从节约成本及提升完成度出发，我们在建筑逻辑足够严谨的前提下，抽掉了一部分题凑，加入平台和玻璃盒子，提供半室外的公共空间，让建筑空间层次更为丰富，与城市和人的互动随之增强，题凑的数量由最初方案的1000多根减少至600多根，实现了施工成本与难度的“减量”，设计完成度与社会效益的“增效”。

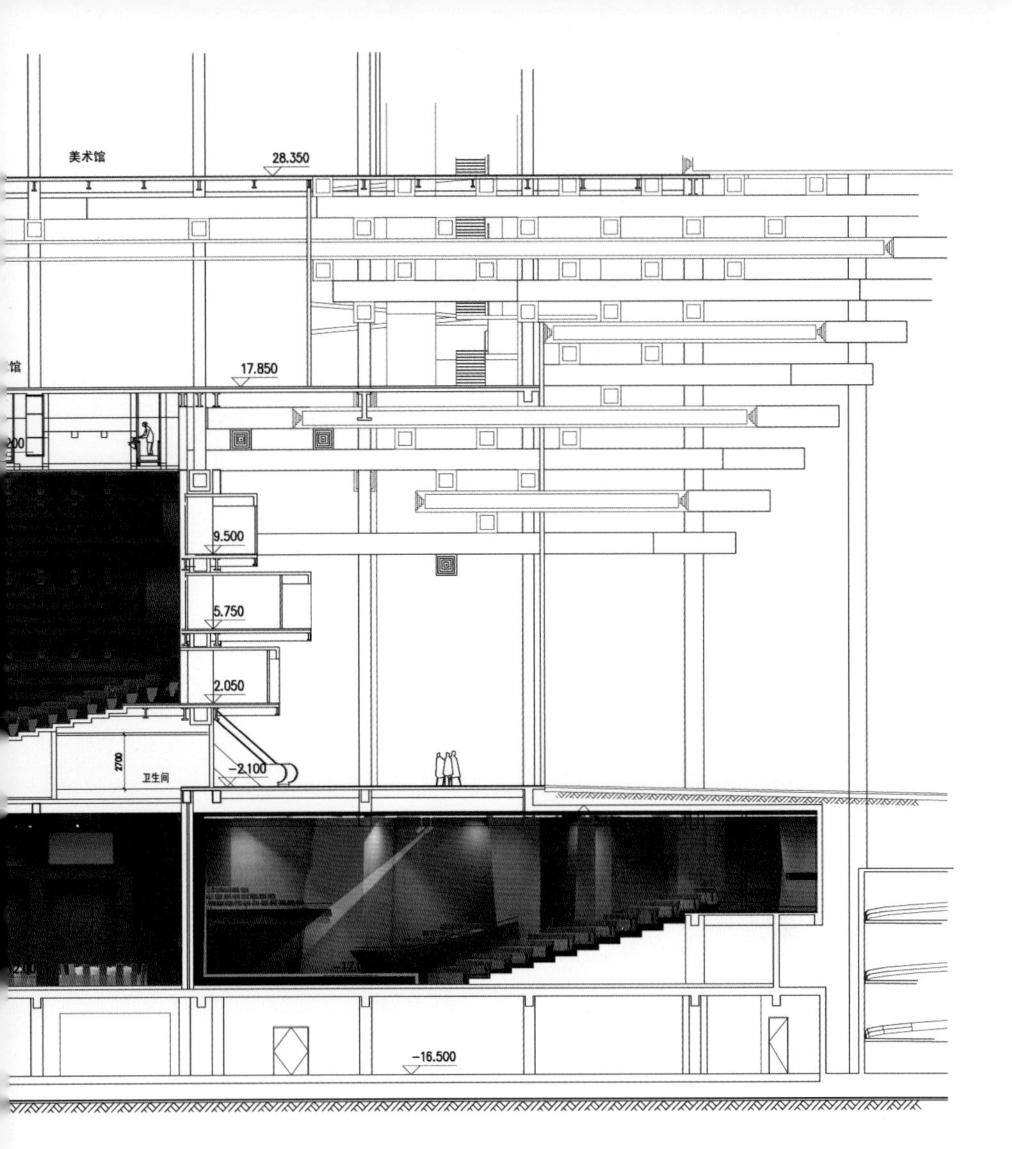

在与施工单位及各专业团队的紧密配合上，我们也深有体会：施工中的吊装方式、提升方式和提升模架等施工措施，设计院却并不熟悉，必须由施工单位去做，施工单位确定措施后，又必须与设计院沟通，设计院对结构体系进行必要的调整。建筑的实现过程非常复杂，并非结构工程师把图画出来就够了。项目所有涉及施工荷载和主体结构安全的结构验算由设计院结构工程师做出，施工过程的工况荷载验算是施工单位完成。建筑的施工难度大，所需要的工艺也很复杂，因此参与建造的单位很多。除了一般的建筑、结构、装饰，还有剧场的舞台、灯光、音响等工艺需要专业的团队，单位多了，工艺和工序的衔接就变得很重要，如果管理跟不上，就会影响成本和工期。

建筑与市民的互动 / Interaction between the architecture and citizens

国泰
艺术中心
华丽开幕

题凑夜间照明光源应该如何选择?

为了更好地映衬出红色哑光与亮黑色相间的建筑表皮效果，综合考虑重庆地区湿热多雾的气候特征，题凑夜间照明光源的选择也经过光源类型和色温的反复比较，从点状光源与条状光源、冷光源与暖光源的多种组合尝试中，最终选择了条状暖光光源。

不同光源效果 / Effect of different light sources

点亮城市的建筑 / The architecture lighting up the city

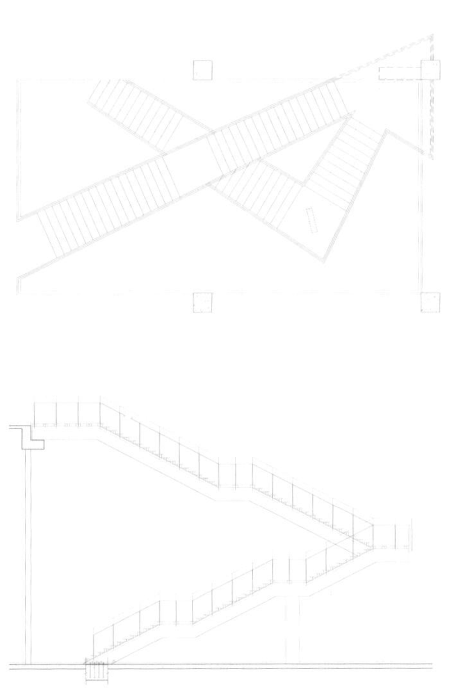

美术馆内部折线楼梯详图 / Details of the polyline staircase inside the gallery

美术馆内部折线楼梯 / The polyline staircase inside the gallery

美术馆内部 / Interior space of the gallery

国泰大戏院观众厅内部空间及题凑式包厢 / The interior space and boxes of the auditorium

音乐厅内景 / Interior space of the concert hall

织补

北京威可多制衣中心改造

WEAVING

Renovation of VICUTU Garments Manufacturing Center

这是一次对老旧厂房的更新改造，设计需要保留人对企业的记忆，延续人对生产空间的归属认同。建筑技术赋予了一个拥有老记忆厂房建筑新的生命，使得该建筑承载着企业历史的记忆，也引领着未来的发展。

The project is expected to renovate the existing factory building, which symbolizes the staff's collective memories and the sense of belonging to the site. The use of new architectural techniques has given the re-birth to the building that could serve for the enterprise's future needs.

VICUTU

公共空间与办公空间用暖与冷的光色区分 / Public space and office space are distinguished by warm and cold light colors

改造前外部立面及周边环境 / Exterior facade and the surrounding before renovation

改造前内部空间 / Interior space before renovation

北京威可多制衣是一家以设计、生产高档男装为主的本土服装企业。被改造对象是厂区内最早的一栋五层建筑，建于2000年，最初的功能是服装生产车间。随着企业发展，原有的办公空间严重不足；此外，随着北京疏解非首都功能，整个生产厂区也面临着从生产中心到设计研发中心的功能转型。业主选择通过对原有厂房改造的方式，将企业成长的记忆延续下来。如何将这座承载着情感与故事的建筑保留下来，融入全新的功能，赋予蜕变、创新、发展的力量，是我们从最初接到项目就一直在思索的问题。

同为设计行业，这次改造更像是为业主进行的一次“量身定做”，将品牌的文化、历史、精神，在独特的建筑外形与丰富的空间中展现出来。这是一次服装设计师与建筑师的跨界合作，这栋原本的厂房实现了从生产厂区向设计中心的品质转变，也成为整个园区工业建筑转型的示范项目。

改造后的建筑及景观 / Renovated building and landscape

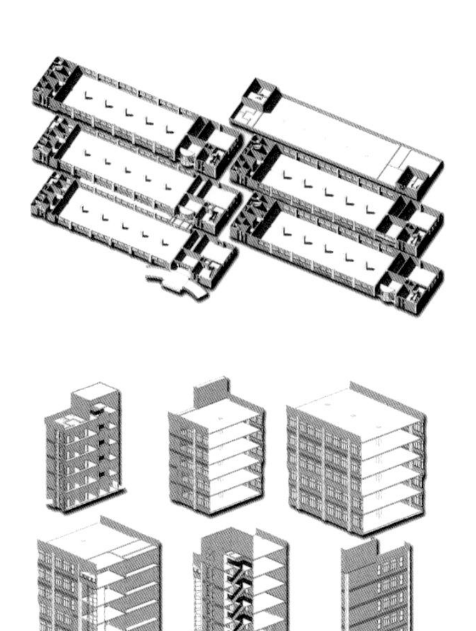

原有建筑结构 / The original structure

在建筑改造中，我们应该保留原建筑的哪些部分？

改造从调研、分析原有建筑着手，利用三维软件准确模拟原有建筑的建筑结构信息作为设计依据。原建筑东西长72米，南北宽18米，框架结构体系明确，功能布局也相对清晰：楼梯和卫生间等服务功能布置于东西两端头，中间为开敞的生产车间。我们的改造保留了原有结构和空间的清晰性，东西两端保持为服务功能。框架结构与基础被完整地保留与加固，车间顶部的密肋梁板结构也是我们设计的保留元素之一，它们暗示了建筑曾经的生产性功能和工业建造模式。

模型图 / Model

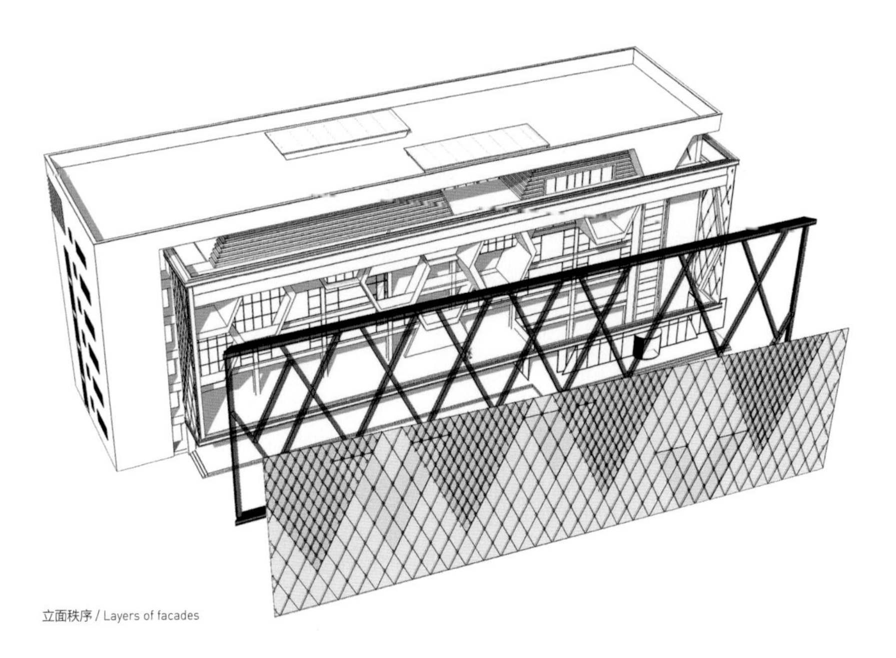

立面秩序 / Layers of facades

菱形索网幕墙 / Diamond-shaped cable net glass curtain

功能

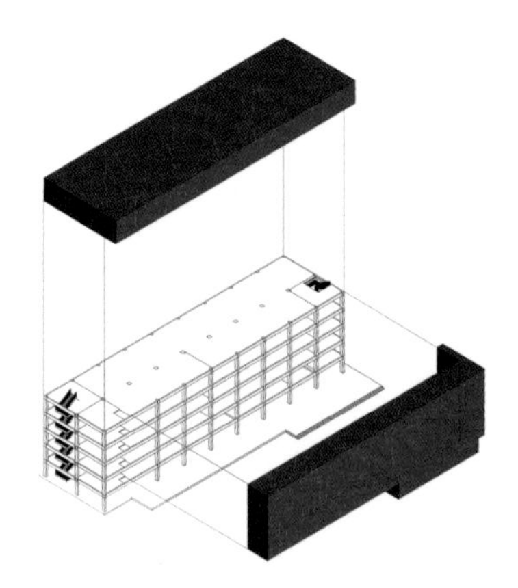

骨架

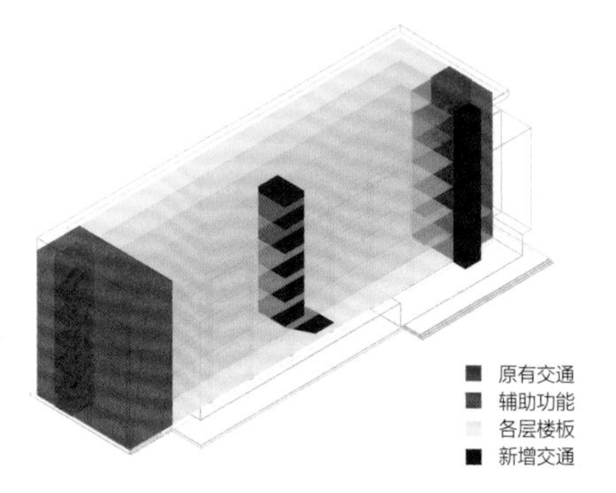

插入

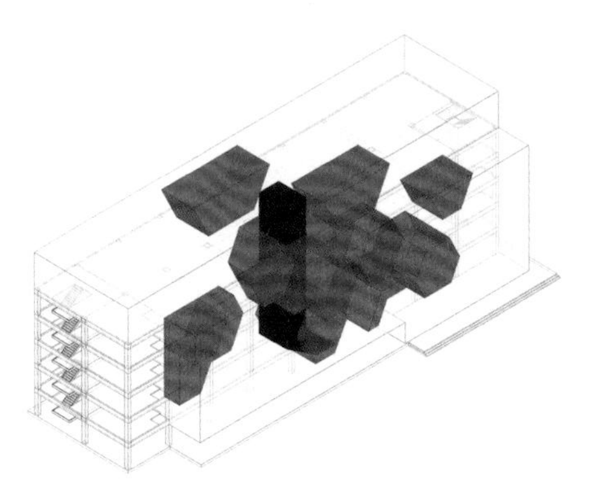

设计分析图 / Design analysis

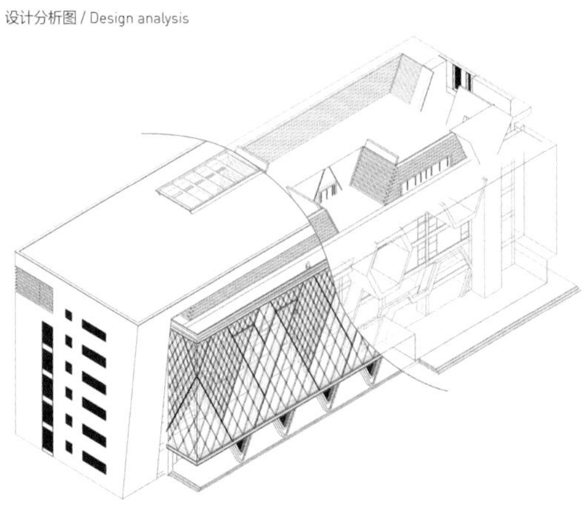

轴测图 / The axonometric drawing

如何为建筑置入新的功能，从而在改造的过程中创造出适合设计与交流的创意办公空间？

基于原有的框架结构，设计首先对建筑进行功能扩展，在顶层增加了一层会议中心；在南侧向外扩建，形成出挑的边庭公共空间和新的入口大厅，同时为建筑主立面的改造带来了相对自由的条件。改造后的建筑被整合为一个轻盈自由的玻璃体和一个厚重的背景体块互相穿插的体量关系。原建筑的东西向流线较长，接下来的内部空间改造在建筑中部增加了一部开放式楼梯，它如穿针引线般联系起建筑的不同楼层，为各层空间提供了沟通和交流的场所，也更便于各个部门间的联系。这些交流空间由主体框架向边庭扩展，在严格的模数控制下，以六边形盒子的形态与外立面的幕墙结构联系、融合。出挑的平台实现了人们在空间中的互动，同时更加亲近景观，在办公区与外部景观间，营造了一个丰富、宜人的过渡区域。位于二层的边庭平台提供了观赏景观最直接的开放区域；设计结合企业的培训中心和旁边的休闲水吧布置水景和植物，成为整个办公楼的灵魂空间，舒适、有趣且人性化。

边庭二层的流水景观 / Waterscape on the second floor of the courtyard

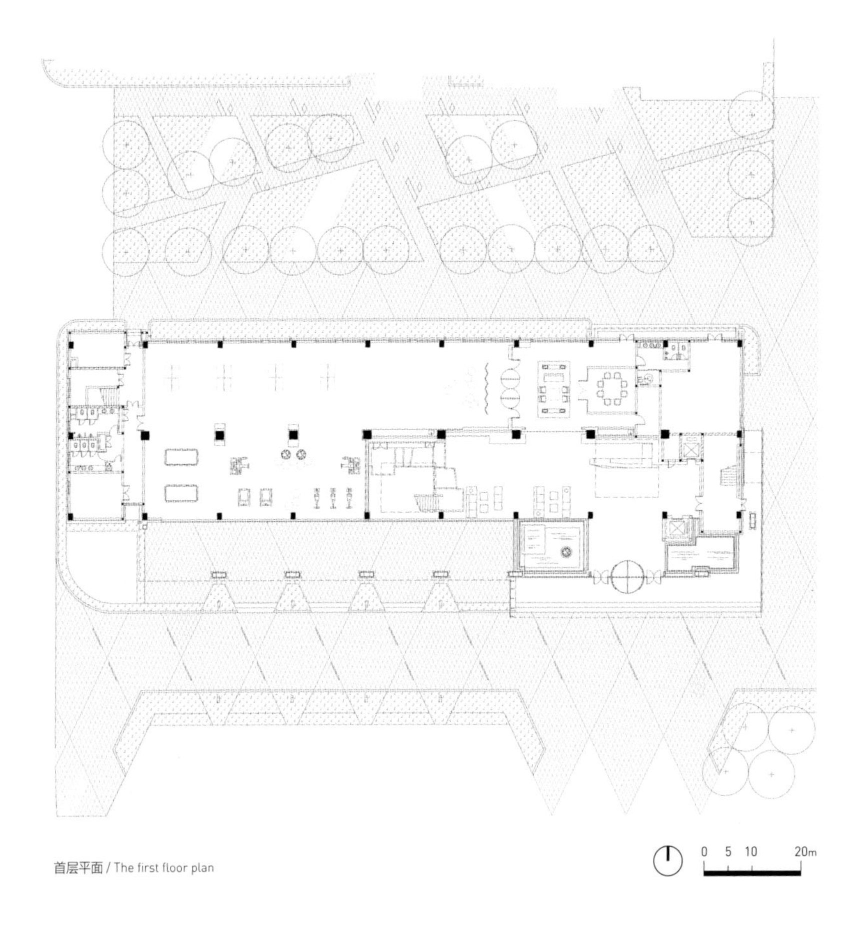

首层平面 / The first floor plan

如何用建筑语言诠释企业文化?

为了使室内环境与室外景观更好地渗透融合，建筑边庭采用单层索网点驳接幕墙，以实现较好的通透性。幕墙设计以企业LOGO中的字母“V”为母题，采用斜向的幕墙网格，并与原有框架结构的正交网格叠合，形成Y形的幕墙结构、菱形的玻璃单元，以及六边形的平台空间。在统一的菱形网格下，幕墙单元通过大小变化和金属肋划分，结合局部丝网印刷效果，在外立面上最终呈现出自由而富于细节的表达。这场由内而外的空间拓展，经过由外而内的模数控制，诠释了双重模数下空间与结构、技术与艺术的完美融合。

建筑作为北京威可多制衣中心的设计运营中心，于2013年底正式投入使用。设计的交流和休闲空间成为最受欢迎的场所，服装设计师在使用中融入更多的随性和创意。室内增添了许多与服装相关的雕塑，一层的公共空间被改造成为临时的T台举办服装秀，在六边形空间中自发形成讨论与展示的空间。

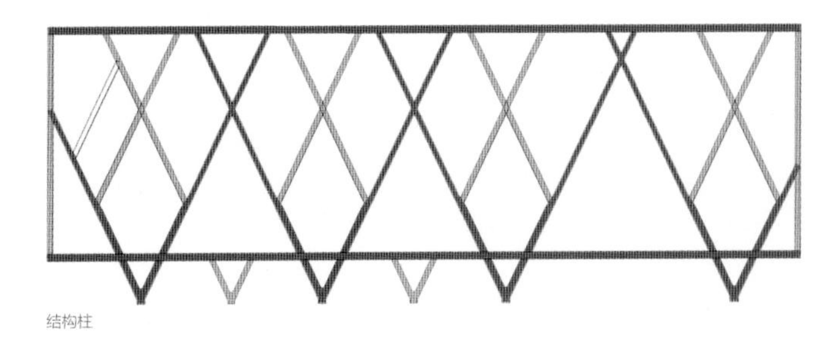
结构柱

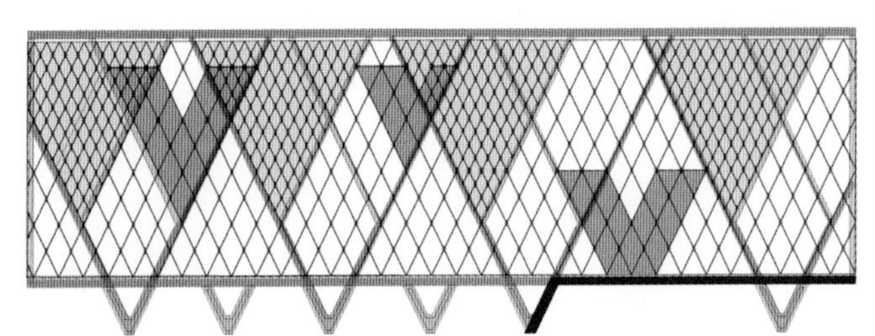
玻璃及索网

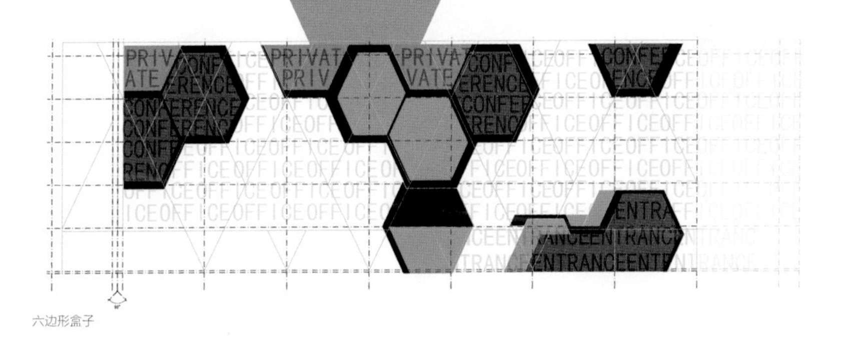

六边形盒子

设计母题 / The motif of this building

边庭中的交流空间 / Communication space in the courtyard

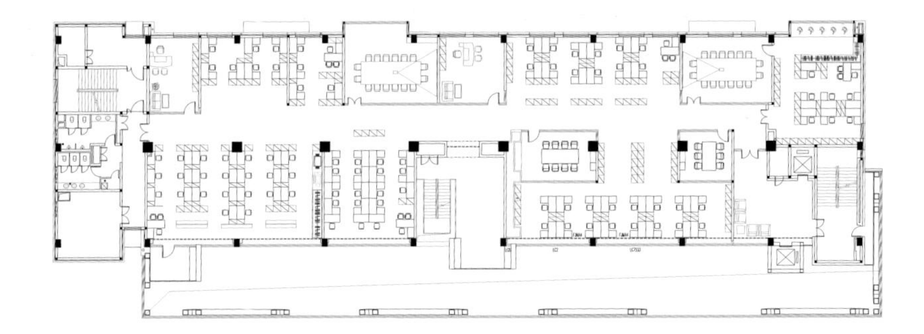

三层平面 / The third floor plan

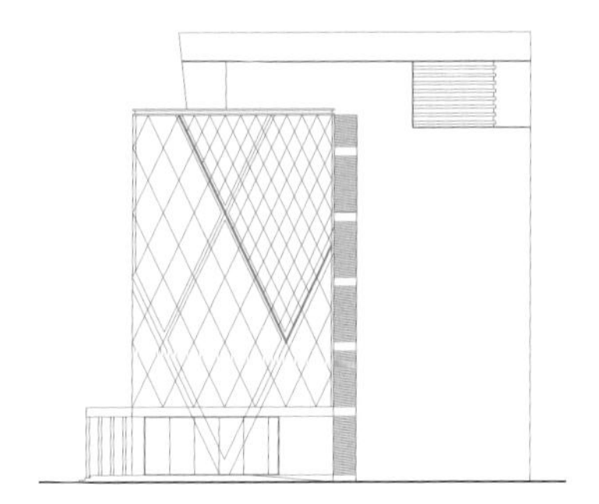

西立面图 / West facade plan

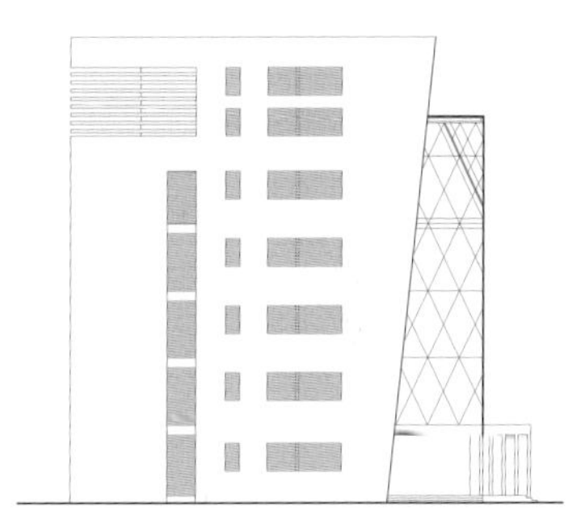

东立面图 / East facade plan

六边形的平台空间 / Hexagonal platform

针脚形式的室内灯饰 / Sewing-pattern lighting

室内设计体现了业主作为服装企业的特征 / The interior design highlights the owner's identity as a clothing company

透过菱形索网幕墙看建筑室内 / View from the diamond-shaped cable net glass curtain towards the interior of the building

流动 FLOW

长春市规划展览馆 Changchun Planning Exhibition Hall

建筑形态的生成并非仅仅来源于对形体的塑造，而是根据建筑所在的城市周边功能，对形体进行扭转，使建筑与城市空间之间形成许多富有趣味的连接。“绿”流入建筑，建筑根基与自然融合。通过“流绿”的开放空间，建筑融入整个城市、生发整个城市。

The generation of architectural forms is not simply about topological design. Rather, it should adapt to the surrounding urban functions, and create motivating connections between the building and the city—"Greenery" flows into the building, and the building roots from the nature. Open spaces with the flow of greenery can blend into and catalyze the whole city.

草图 © 崔愷 / Conceptual drawing © Kai CUI

外立面材料选择亚光浅色金属板（氟碳喷涂）结合玻璃幕墙 / Facade materials: matte light-colored metal plate (fluorocarbon spraying) combined with glass curtain wall

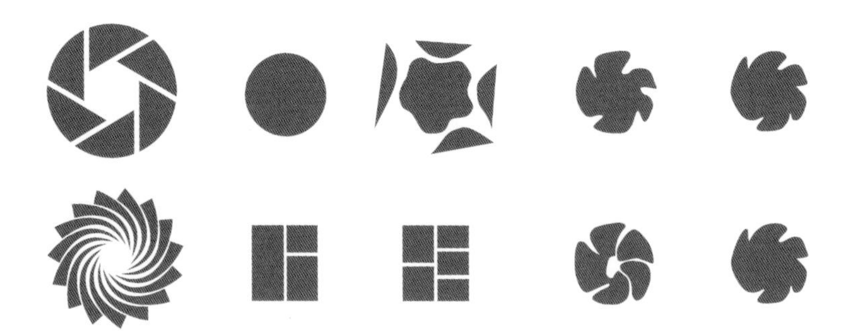

形态生成 / Form generation

长春市规划展览馆是一座以“自然维度构建”为理念创作的建筑，其坐落于长春城市中轴线—— 人民大街—— 南端，由规划展览馆、市博物馆、信息服务中心及附属餐厅功能组成，是城市南部新城核心区展示城市文化内涵和整体城市形象的地标性建筑。

“流绿”是长春规划传承下的规划文化遗产，是长春最具特色的城市绿化体系，作为城市规划展览馆的设计理念更应该延续这种“流绿都市”理念，并且肩负着展示长春未来新城的责任。

在设计伊始，我们并不急于勾画建筑的蓝图，而是要从“长春城市设计的伦理审美”去寻找“城市的文化内涵和整体城市形象”作为创作构思的“关键词”。长春，作为吉林省的政治、经济、文化中心，是一座享有优良“城市公共绿地资源”的人文城市。这一特色早在20世纪30年代长春的城市规划中就有所体现：在运用欧美“正交网格+广场节点+巴洛克放射式”城市规划方法的同时，将城市公共空间与居住邻里单位融入于大量带状公共绿地系统中，整个城市设计的理念与格局都呈现出“流绿都市—— 自然与生活有机融合的城市”的特征，并形成了“理性秩序又不失浪漫”的城市设计伦理审美和长春“圆广场、宽马路、四排树”的城市意象，奠定了长春今日城市文化内涵和整体城市形象的基础，这也是创作方案的“源头”。

在这样的启示下，长春市规划展览馆、博物馆以生态优先、人与自然和谐为本的原则，注重延续城市自然及历史文脉，着力塑造生态、宜居、便捷和可持续发展完美结合的地区特色，“流绿都市中绽放的城市之花”的设计概念得以呈现：方案以长春市市花——君子兰——作为建筑形态的原型进行推演，整体造型向上伸展、向外开放，形成一朵自由舒展的城市之花，充分体现了长春城市文化精神。而建筑形态的生成根据建筑所在的城市周边功能，对形体进行扭转，使建筑与城市空间之间形成许多富有趣味的连接。

最终，建筑运用十二种色度的铝单板创造了用直线表达曲线的方法，花瓣旋转、分离，形成了一座在寒冷地区给人以温暖的建筑。建筑整体呈倒锥形的花朵造型，平面轴线由非同心圆弧组成，外墙倾斜度在建筑周围不断变化；外围结构是立面呈菱形网格的钢结构柱；外幕墙是金属与玻璃交替，且在曲面外型的基础上又向外凸出，其平面呈锯齿形、立面形同倾斜的折扇。借助参数化模型技术的形体优化与轴网定位、结构建模、表皮深化设计、施工方深化与施工配合等方面，项目设计、施工过程中的种种困难通过“人脑＋草图＋计算＋Rhino＋Grasshopper”的工作方式得以克服。

建筑融入城市景观之中 / The building is integrated into the urban landscape

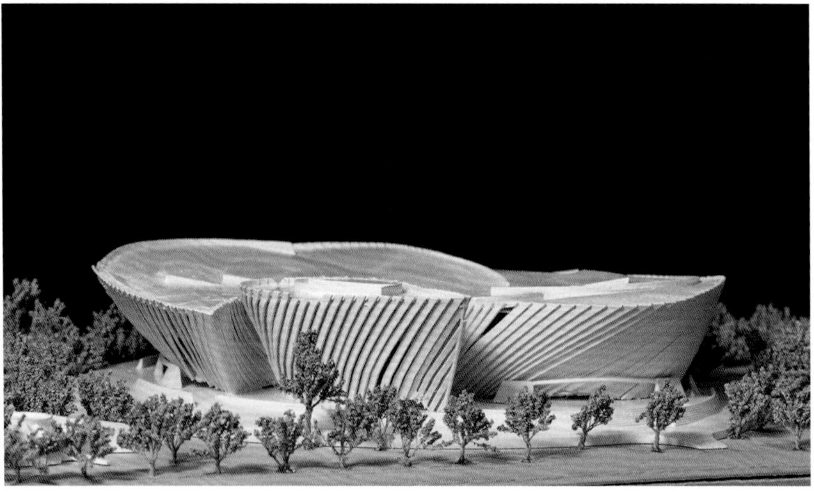

模型图 / Model

建筑与周边庭院的结合 / The building and the water garden in the surrouding

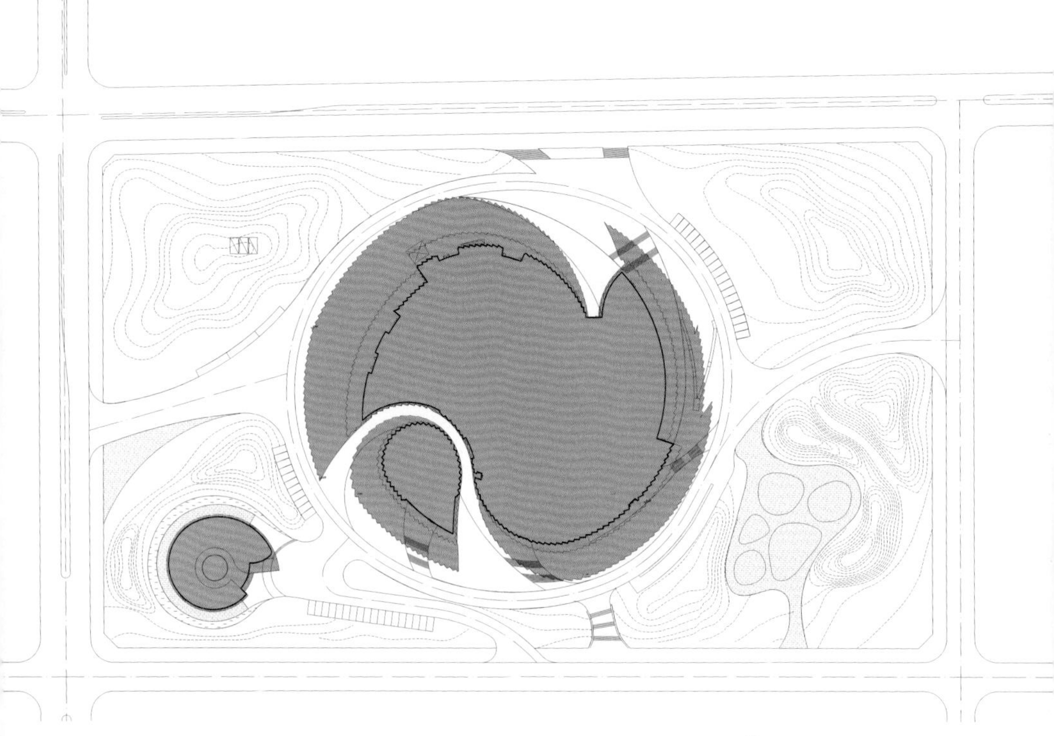

总平面图 / Site plan

建筑外城市雕塑 / Urban sculptures in the surrouding

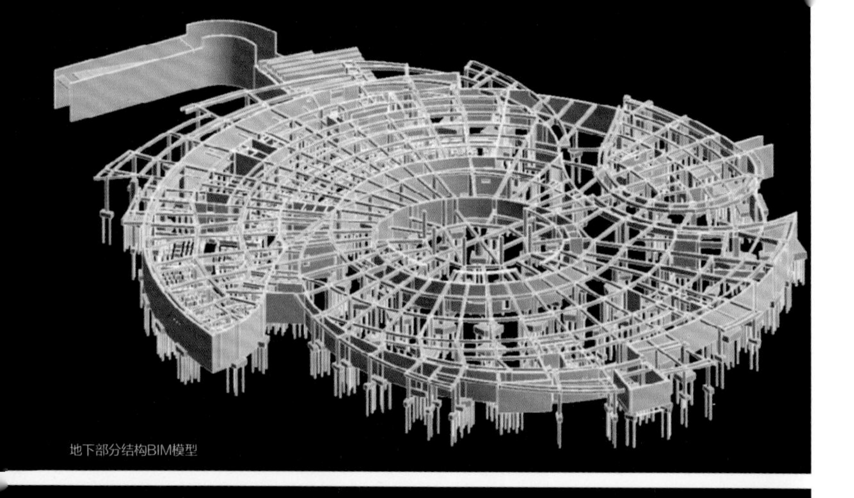

地下部分结构BIM模型

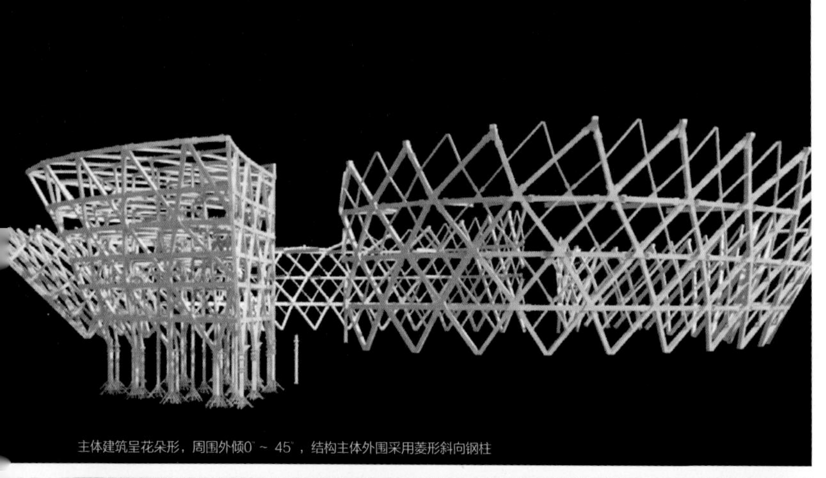

主体建筑呈花朵形，周围外倾0°～45°，结构主体外围采用菱形斜向钢柱

屋顶钢架

由于结构外倾，楼层梁承受拉力，部分区域采用型钢混凝土梁和型钢混凝土柱

钢结构体系 /
Steel structure system

如何将自由的非线性形体解析成科学、可描述的工程语言?

本项目花朵造型由不规整曲面构成，曲面外倾斜度为0°～45°，并且不断变化；曲面与曲面相交、曲面与平面相交，曲面悬挑等部位造型复杂、在曲面基础上凸出的倾斜折板表皮难上加难，在世界范围内独树一帜，没有先例。设计团队创造性地利用数学几何分析和参数化图形编程软件对模型进行控制和修改，成功实现了曲面的有理化，制定了合理的平面轴网，绘制了各曲面的展开图，实现了曲面建筑的二维图纸表达。

通过BIM系统和传统二维图纸相结合，项目实现了全专业全过程的整合设计。第一步：项目团队以Rhino控制曲面的建筑造型为基础，通过设定成型原理建立初步幕墙和钢结构三维模型。第二步：各专业根据初步三维模型进行本专业设计后，在Revit软件中建模，并和导入的初步幕墙和钢结构模型组合，完成初步整体模型。第三步：通过净高控制和碰撞检查综合调整各专业设计，生成准终态模型。第四步：幕墙厂家、钢构公司等深化厂家加入工作，通过CATIA幕墙深化及CAD节点模型细化，完成最终的BIM模型。

由于建筑的曲线轴线系统复杂、涉及信息繁多，该项目专门编制了复杂的曲线轴网定位图。由于建筑墙体不垂直于地面，为清晰反映使用空间，平面图纸将国标1.5米剖切高度改为2.1米，并绘制丰富的看线，使得空间关系一目了然。由于建筑外墙倾斜且折皱，传统的立面图难以清晰完整表达立面的门窗、百叶、材料信息，项目团队还编制了所有曲面外墙的展开图。

建筑温暖的金色呼应了北方寒冷的气候 / The warm gold of the building responds to the cold northern climate

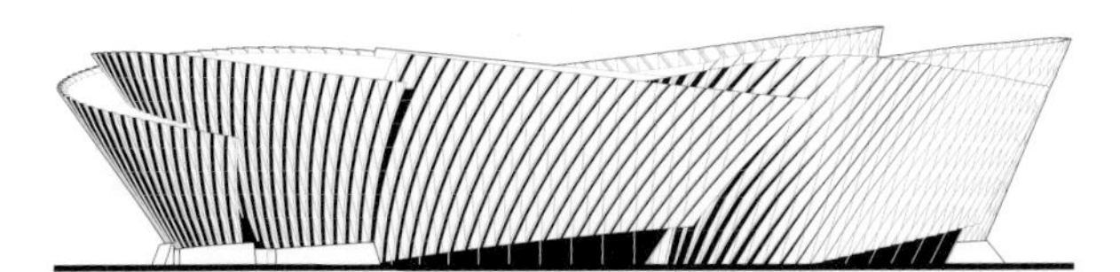

东立面图 / East facade plan

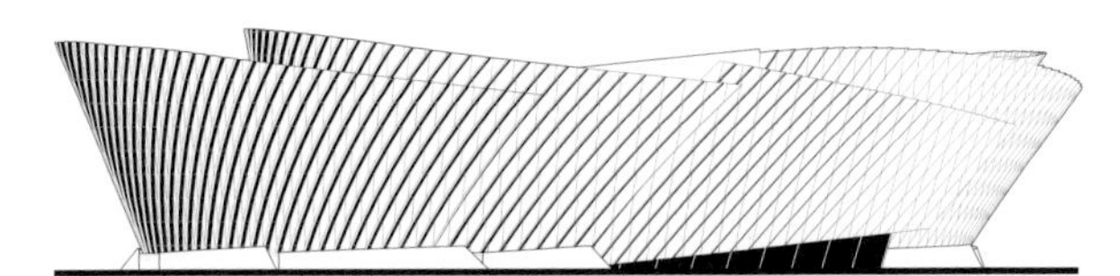

西立面图 / West facade plan

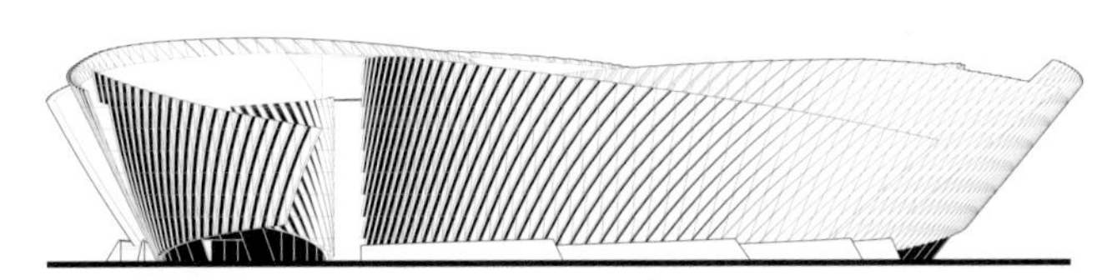

北立面图 / North facade plan

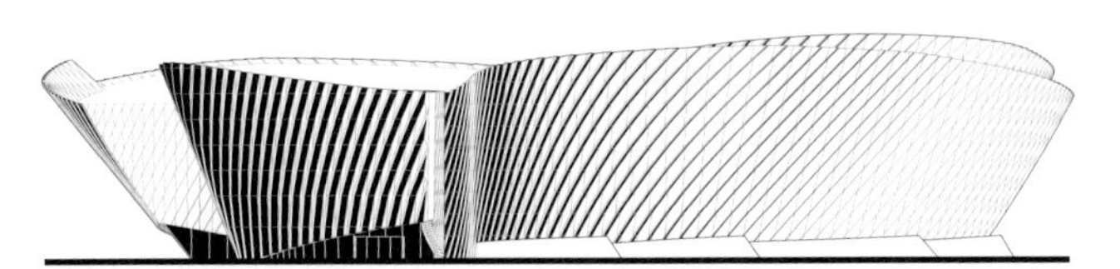

南立面图 / South facade plan

彩色玻璃与金属板的效果图 / Rendering of color glass and metal plates

钢构与幕墙的结合 / Combination of steel structure and curtain wall

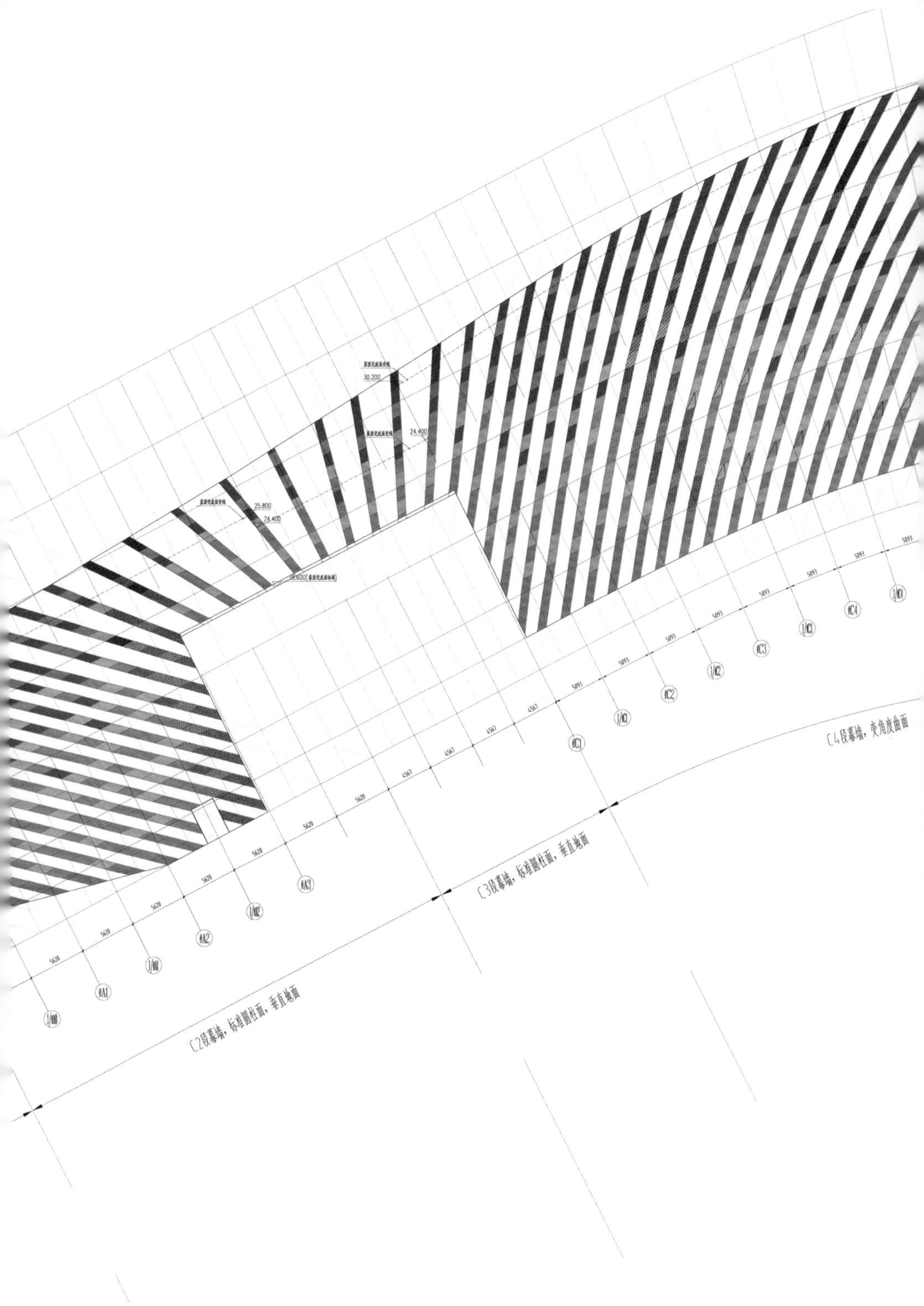

幕墙展开图 / Stretch-out view of curtain wall

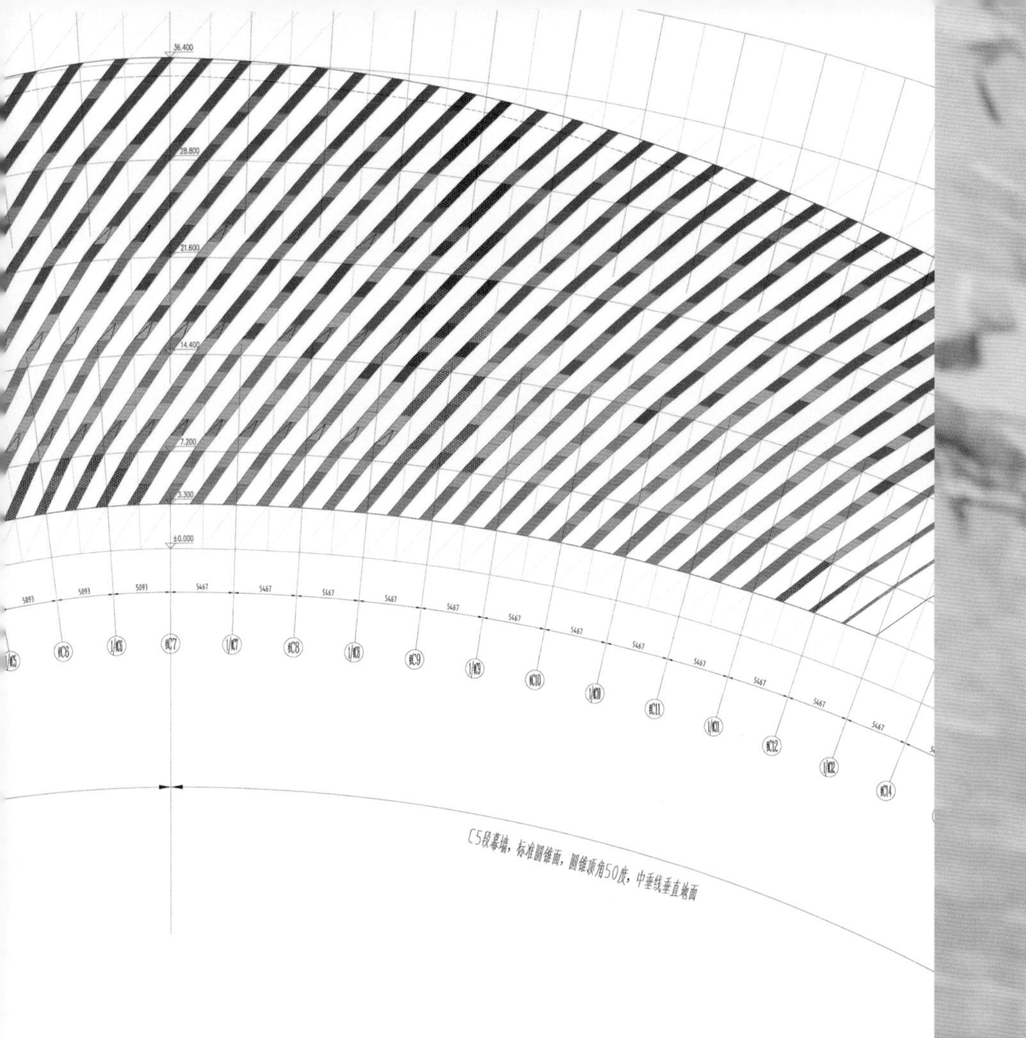

建筑的曲面表皮应该选择怎样的材料来表现？

建筑表皮采用铝板与玻璃相结合。金属板除外立面扭拧、角度渐变区域外，其他部分的折板板材均可以做到相同标高的板块尺寸规格统一，相邻两块折板的板材形式一致，每块折板自下而上逐渐放大。除上部及下部部分区域外，其余玻璃面均可以做到面板规格统一。玻璃均匀分格，形成接近矩形或平行四边形的平板玻璃，大大提升了材料利用率和经济性。

为确定满足项目要求的双曲面铝板，设计团队考察了多个工厂，试验了压型、冷弯等多种工艺，先后尝试了多种节点设计，并多次制作样板，最终指导厂家创造性地借鉴了直立锁边屋面和室内吊顶条板的构造，设计出了带肋蜂窝板的原创构造节点，实现了板块跨度超过9米的超长外墙板，板块安装后成功拟合了建筑的双曲面造型。

长春市代表性树种白桦树 / White birch is a typical tree specie in Changchun

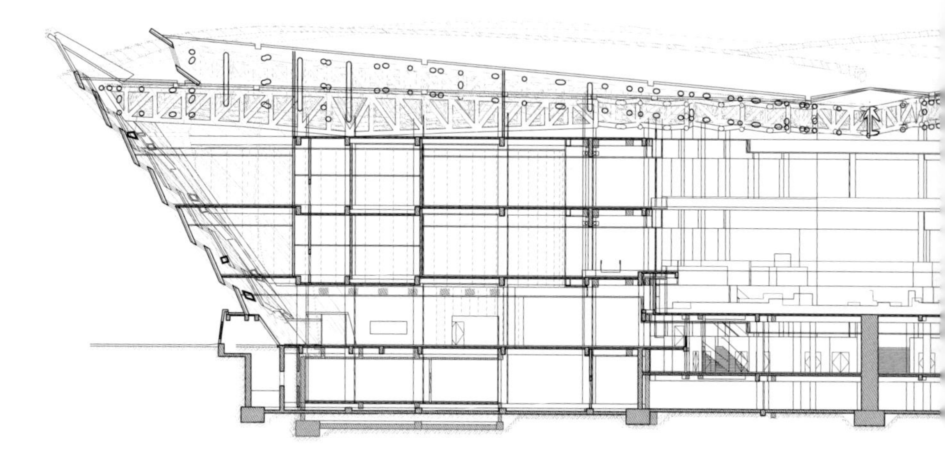

剖面图 / Section

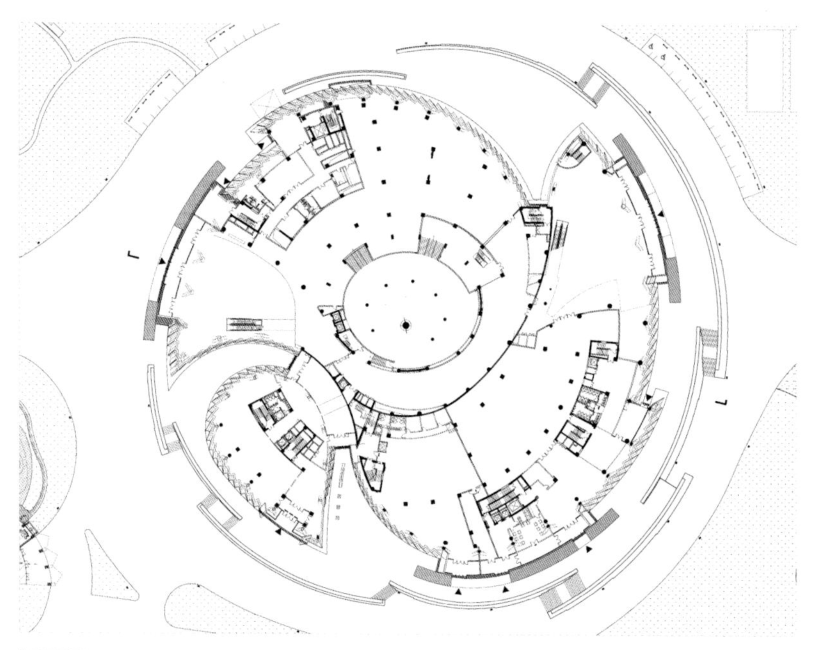

首层平面图 / The first floor plan

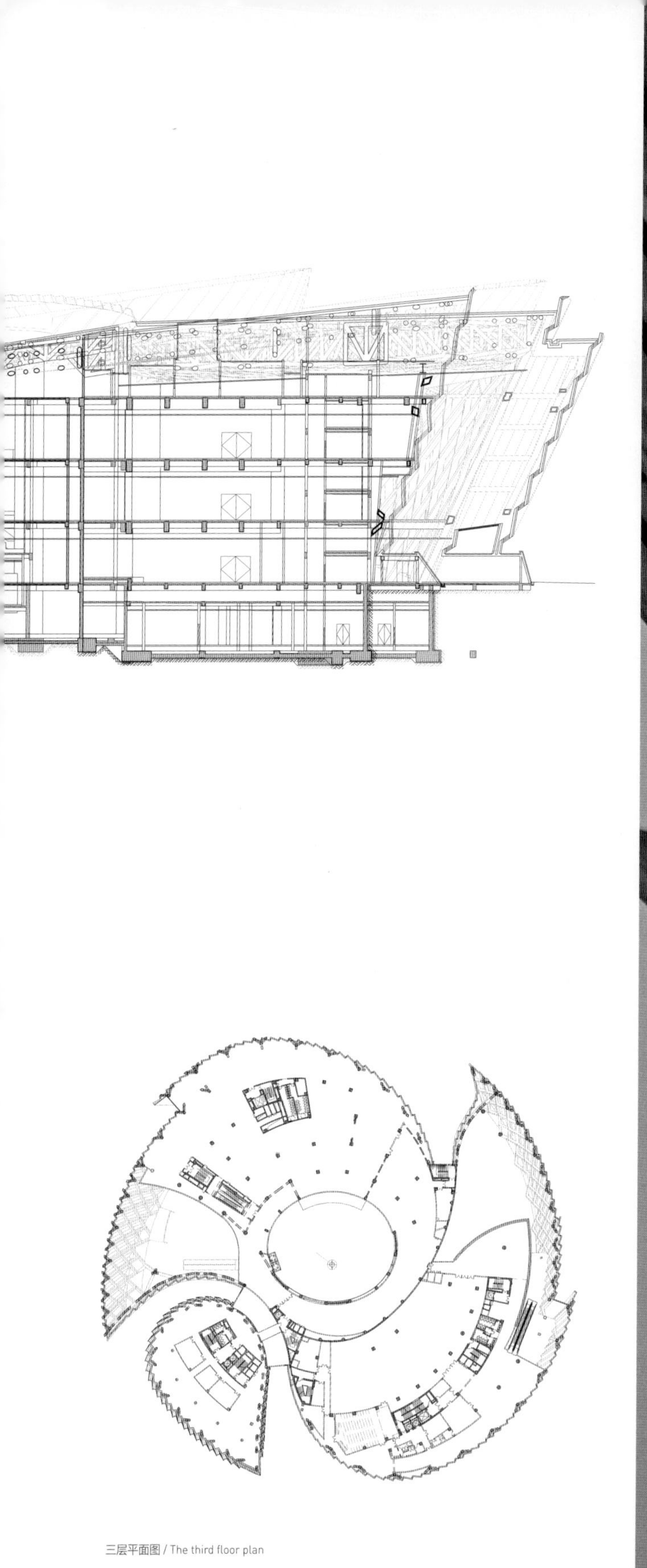

三层平面图 / The third floor plan

彩色玻璃幕墙 / Color-glass curtain wall

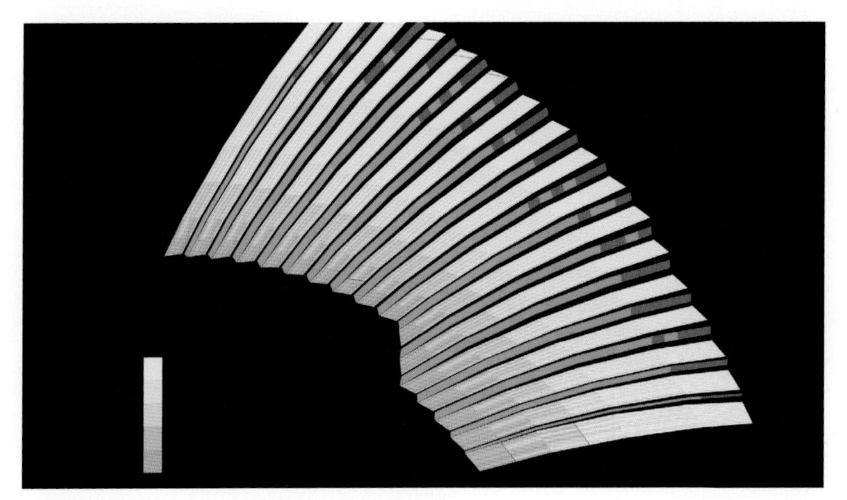

色彩展开图 / Stretch-out view of curtain wall colors

为实现自然的色彩过渡，使用金属铝板和玻璃两种材料应该分别采取什么方法？

为了更好地突出花瓣体积感和花瓣的差异性，有些玻璃条需要从下到上由透明玻璃逐渐过渡到铝板，在过渡区域可以采用镀膜的玻璃实现自然色差的过渡。为确定铝板的颜色组合，设计团队到厂家进行现场调色，通过打印1：2大型色板拼贴，最终确定了色样和颜色排列方案。

为了回应严寒地区的气候特点，幕墙铝板的颜色选用了温暖的金色。不同色号细条状的铝板拼接，形成花瓣色彩退晕的效果。入口处通过大体量的砂岩堆叠形成建筑的基座，好似这朵“城市之花”的花萼一般，托起整个建筑，使整个建筑就像是从大地中生长出来一样，同时也营造出入口空间的仪式感。建筑两侧入口大厅的玻璃根据博物馆和规划馆的功能区别，分别选用了红黄两色以及蓝绿两色，形成对比鲜明的空间氛围。

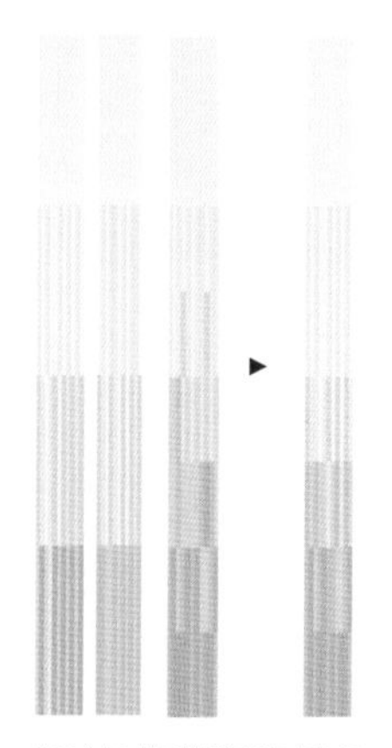

兼顾成本和效果的铝板配色方案 / Color schemes of aluminum plates that take into account both cost and effect

崔愷院士挑选色样模板 / Kai Cui was selecting the color samples

入口大厅 / Interior view of the entrance hall

钢结构室内细部 / Interior view of the steel structure

钢结构室内细部 / Interior view of the steel structure

建筑及周边景观鸟瞰图 / Bird's eye view of the building and the surrounding landscape

凝聚

鄂尔多斯市体育中心

COHESION

Ordos Sports Center

草图 © 崔愷 / Conceptual drawing © Kai CUI

我们从了解蒙古包的构造和蒙古族的性格开始，试图将“马背民族”的传统元素进行建筑空间化的凝练，并结合结构特征，创造出有力量的建筑，传递出民族团结的主题。
建筑与鄂尔多斯的历史文化和场所特征相契合。它是简洁凝练的，符合开阔的地貌特征；它是雄浑壮美的，表达豪放的民族文化；它也是实用高效的，体现“形”“神”的完美统一。

We started with the understanding of the structure of the Mongolian yurt and the character of the Mongolian nation, and tried to condense the traditional elements of the "horseback nation" into the architectural design. Highlighting the unique architecture structure, the design is to create a powerful architectural form implying with the national unity. The building celebrates Ordos' history and culture of the city and the site. It is concise, echoing the characteristics of the open landform; it is majestic, expressing the bold and unrestrained Mongolian culture; it is also efficient, reflecting the unity of "shape" and "sprit".

远眺鄂尔多斯市体育中心 / View of the site from far distance

飞扬在金色巨柱间的彩色飘带 / Colorful "streamers" flying between the golden pillars

第十届全国少数民族传统体育运动会于2015年在内蒙古自治区鄂尔多斯市举行。位于康巴什新区高新科技区的鄂尔多斯体育中心作为这届运动盛会的主场馆，包括“一场二馆”，即主体育场（座席6万席）、综合体育馆（座席1.2万席）、游泳馆（座席4000席）。外围场地内亦融入了训练热身场地、全民健身场地及城市生态公园等。体育中心作为大型体育综合建筑群，通过功能的复合设置、对赛后运营的充分考量、与自然地形的有机结合，创造出集体育赛事、展示商业、文艺活动、市民健身及休闲娱乐于一体的综合性体育文化中心。

“鄂尔多斯”在蒙语中的含义为“草原上的宫殿”。我们深入地研究了鄂尔多斯的历史文化与场所特色，在了解蒙古族传统民居蒙古包的构造和蒙古族的性格的基础上，从结构和构成特征入手，创造出有力量的建筑，以表达民族团结的主题。“一场两馆”通过“巨柱”结构的疏密排布使造型在意向上呈现连续、扭结的空间形态，两馆之间通过观众集散平台连接，强调建筑群的整体性、综合性、凝聚性及连续性，同时疏密有致的巨柱形成了开放而又有纪念性的体量。

体育场主体建筑位于绿色坡地、台阶构成的基座上，成为“金马鞍”建筑群的核心及重要的景观焦点。体育场总建筑面积134260.2平方米，地上6层，建筑高度79米。体育场一层以上主要为观众使用区域，零层为运动员功能区、赛事管理区、新闻媒体区、商业区、办公区、设备用房区、室内热身场地区。零层的比赛场地按400米综合田径场设计，9条环形跑道，西侧设9条短跑直道，设置有全部田径比赛项目和一个国际标准尺寸天然草坪足球场，所设项目均符合国际标准。二层东西两侧设有独立的贵宾包厢、VIP休息厅、VIP休息室及其接待室、运动员休息厅、媒体记者休息厅，以上区域均通过专用电梯进入，互不干扰。贵宾包厢仅在视线较好的东西两侧嵌入设置，保证了上层看台的坡度不至于过陡，有利于提升上层看台的观赛感受，同时压缩包厢面积，也有利于保证投资效益并节约赛后运营成本。

体育场及马头琴主题雕塑 / The stadium and the Matouqin theme sculpture

体育场、体育馆及游泳馆鸟瞰 / Bird's eye view of the stadium, gymnasium and natatorium

体育场仪式性入口平台 / The ceremonial entrance platform of the stadium

体育场由巨柱围合而成 / The stadium enclosed by giant pillars

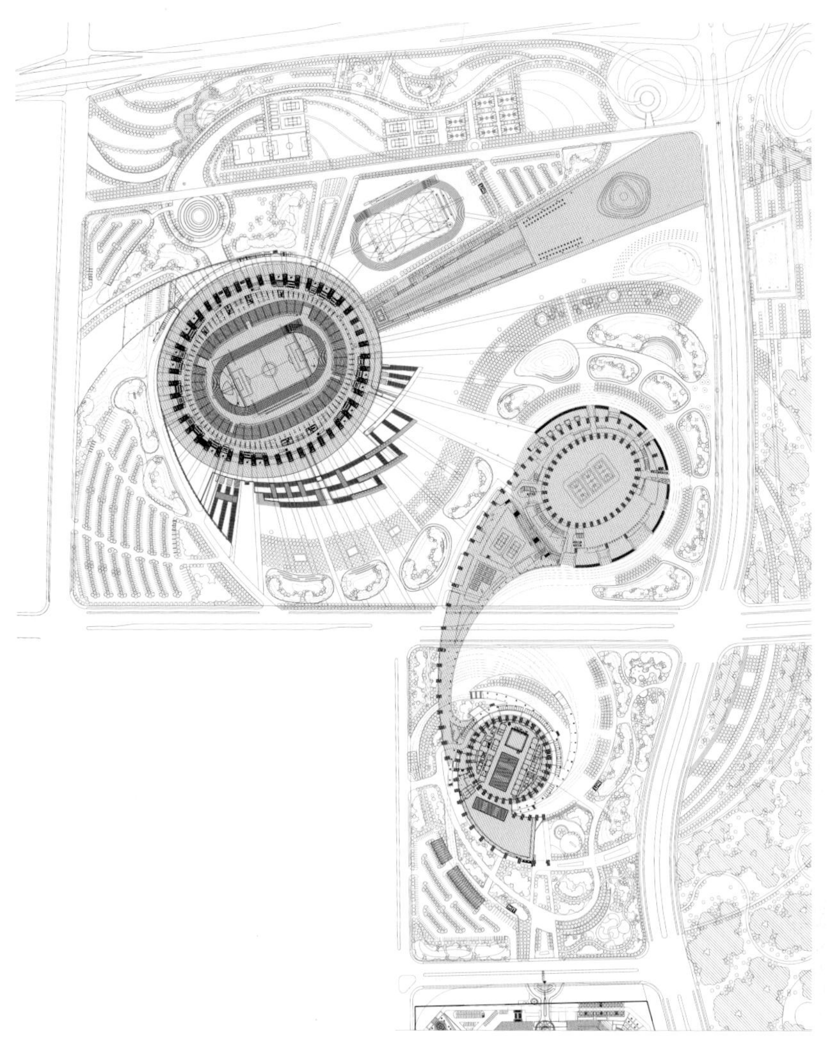

总平面图 / Site plan

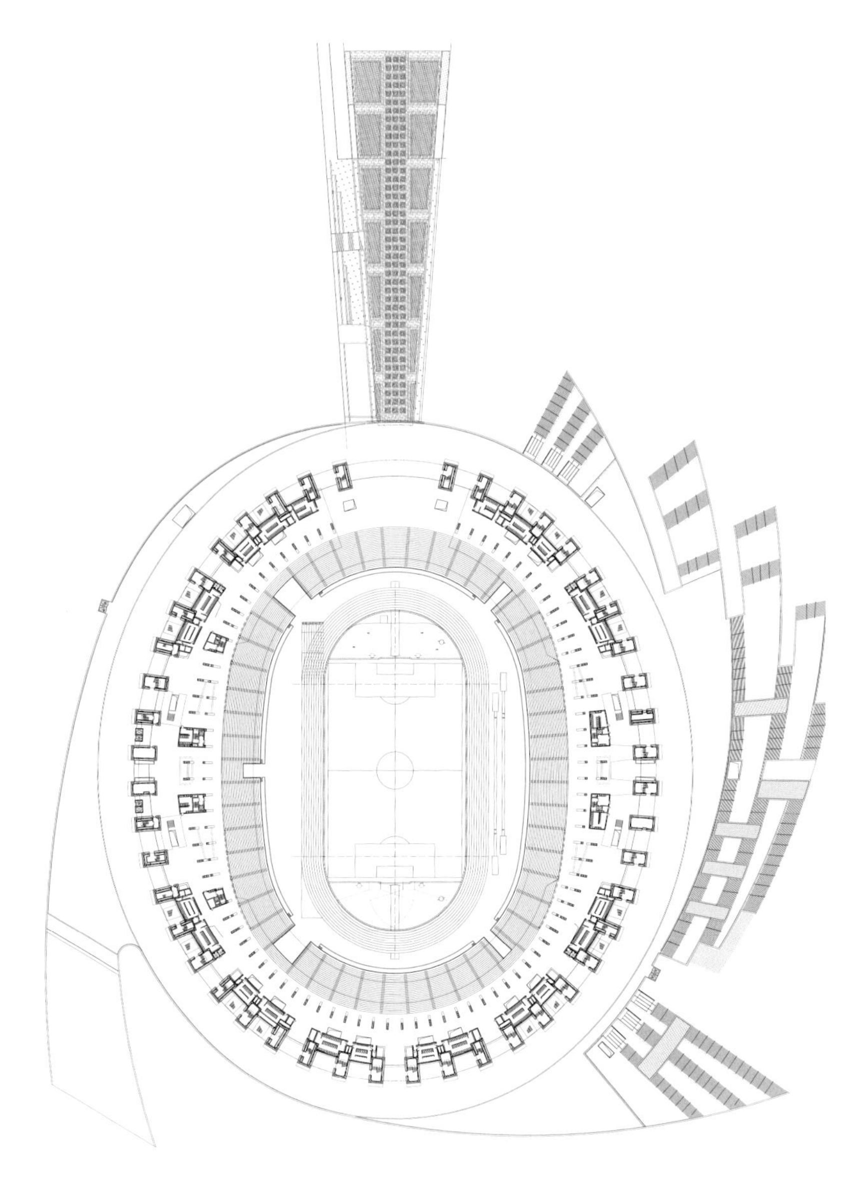

体育场首层平面图 / The first floor plan of the stadium

巨柱立面采用栅格状金色铝板幕墙 / The golden aluminum curtain wall

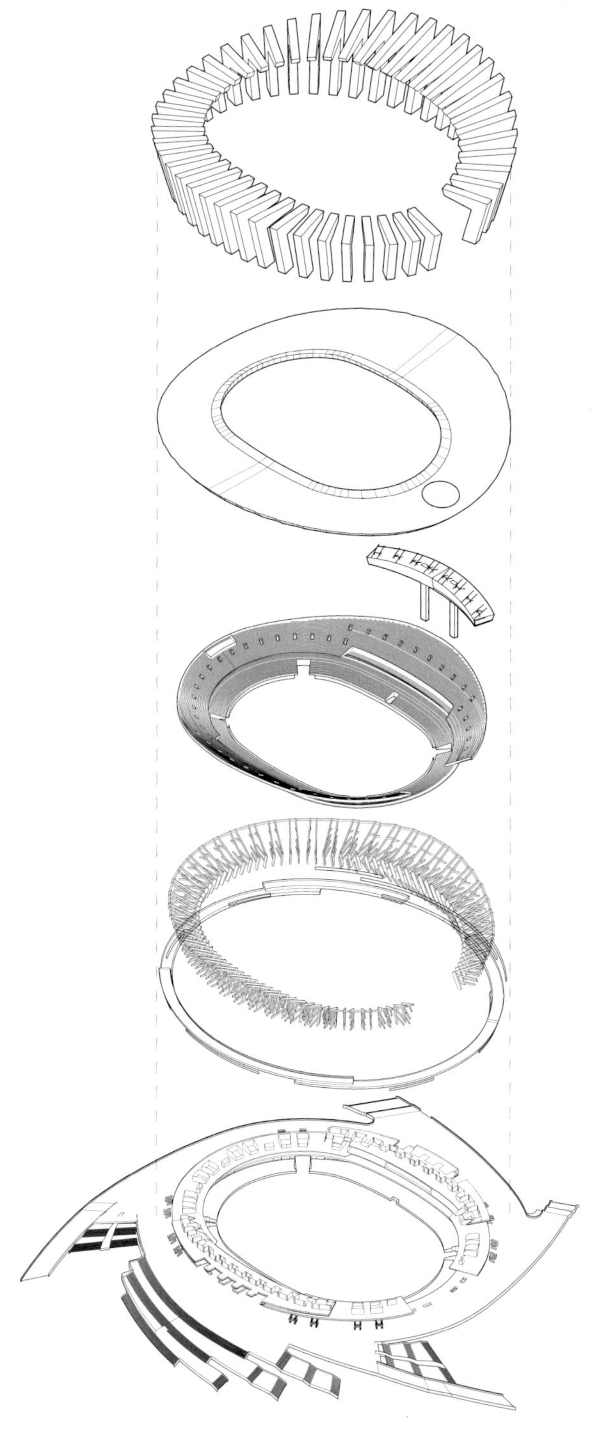

体育场轴测图 / The axonometric drawing of the stadium

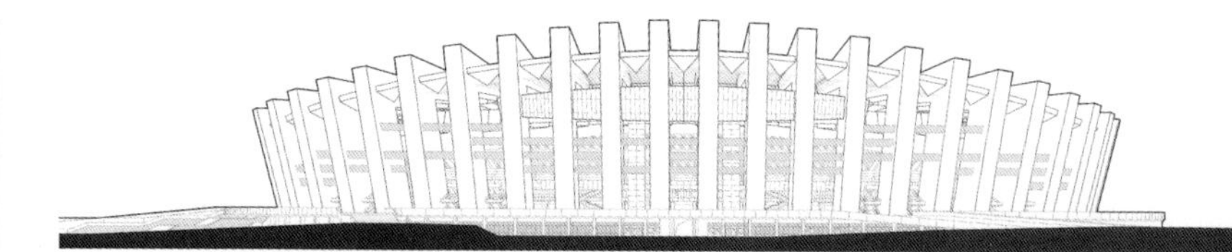

体育场西立面图 / The west facade plan of the stadium

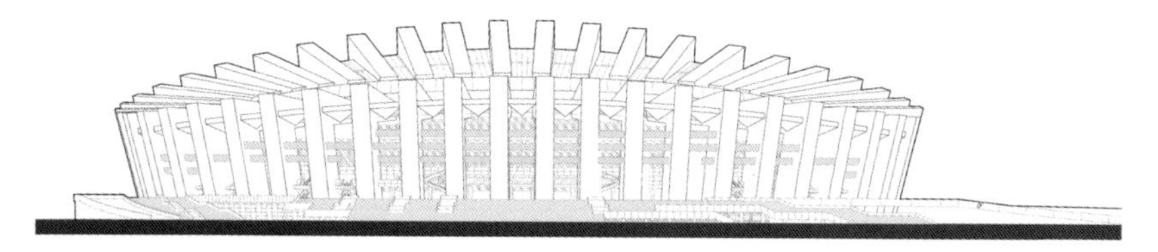

体育场东立面图 / The east facade plan of the stadium

体育场北立面图 / The north facade plan of the stadium

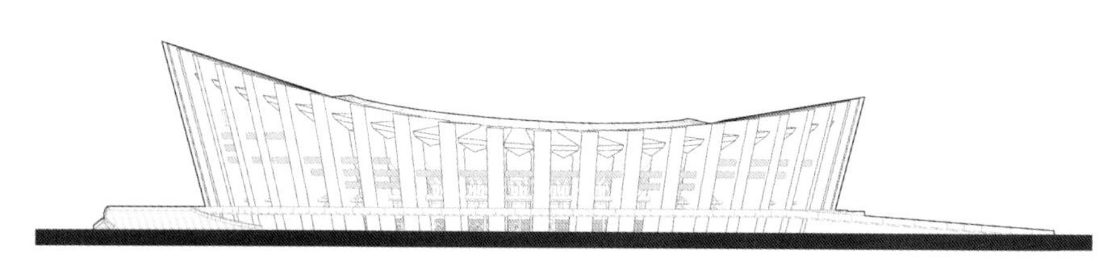

体育场南立面图 / The south facade plan of the stadium

如何使屋顶形成连续完整的曲面，从而将建筑“金马鞍”的形态表现出来？

体育场屋顶曲面由一个“东西高中心低”的弧线延“南北低中心高”的弧线扫略形成，46根巨柱沿平面四心椭圆外倾15°形成倒圆台面，限定了屋顶曲面轮廓，屋面与巨柱共同构成一个简洁有力的马鞍形建筑体量。体育场看台东西两侧视线较好，因此东西侧看台多于南北侧看台，东西高、南北低的马鞍形曲面屋盖形态恰好顺应了这一看台分布。项目组应用BIM和参数化技术对屋面系统进行优化设计，随屋顶高度自动调节桁架。设计过程中，体育场西侧最高点高度原为87米，后优化为78米，通过上述技术，实现了屋顶桁架模型调整，保证了项目工期和完成度。

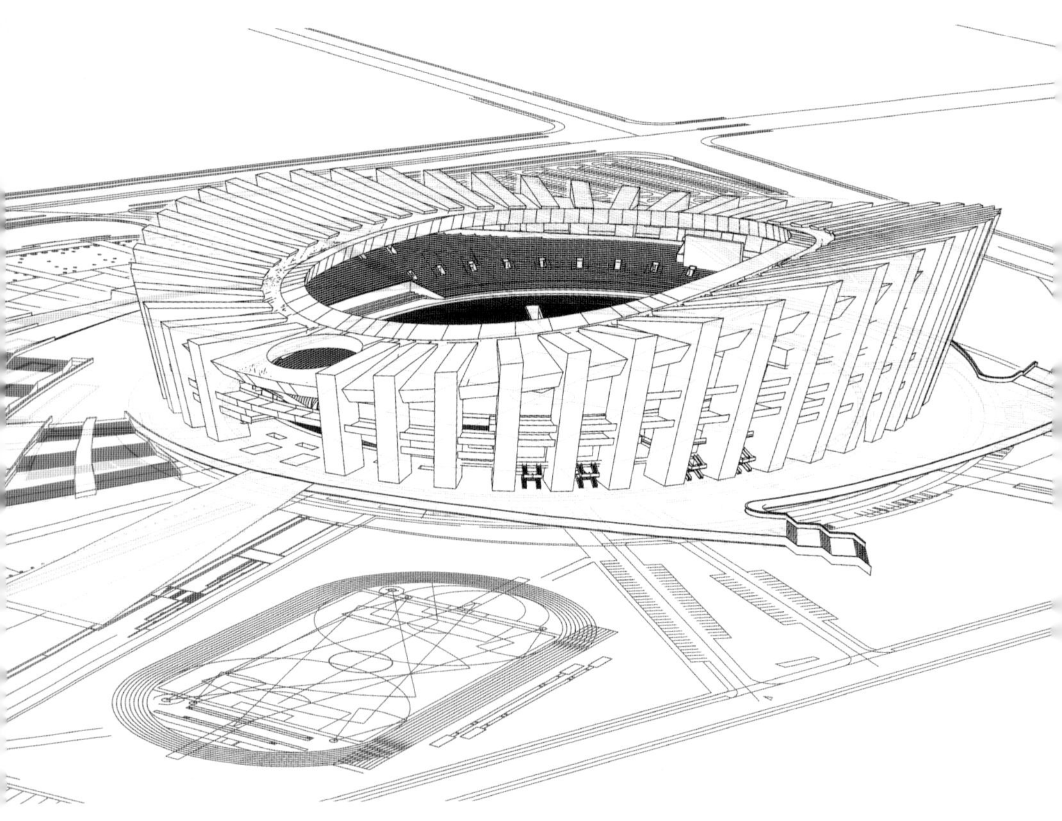

体育场轴测图 / The axonometric drawing of the stadium

体育场入口 / The entrance of the stadium

蒙古包的结构 / Mongolian yurt structure

体育场应该采用怎样的结构体系来实现建筑形态?

体育场主体结构由46根斜向巨柱环列构成，最高点78米。看台斜柱与周边巨柱之间通过设置斜向拉梁形成平衡体系。屋盖采用空间钢桁架体系，屋盖环形罩棚的主桁架由周边环绕的斜向巨型柱悬挑而出，形成屋盖的径向主肋，最大挑出长度约为68米。环向桁架主要对巨柱起环箍作用，形成良好的整体性。

根据游牧民族马队礼仪以及开幕式文艺表演的空间需求，设计在体育场园区主入口轴线一侧设置仪式性入场坡道——民族团结路。仪式性坡道连接着体育场，体育场原本由巨柱所环绕成的一个完整的圆环，但为了满足仪仗马队由“天路”直接进入场馆的要求，我们通过结构技术将此处的巨柱取消，并结合仪式性坡道，共同构成了这组宏大、庄重、练达的仪式性主入口空间。取消掉巨柱之后，此处的雨棚荷载太大，我们借鉴了蒙古包“套脑”构件的空间特色，在上方设置了超大尺度的采光圆洞。

体育场观众疏散平台 / The evacuation platform of the stadium

体育场赛场全景 / The panorama of the stadium

施工中的体育场入口 / The stadium entrance under construction

包厢层设置于看台上方 / The boxes of guest rooms set above the stands

体育场主体结构及钢结构施工中 / The concrete and steel structure of the stadium under construction

体育场屋顶 / The roof of the stadium

如何解决马鞍形屋面排水问题?

基于在视线比较好的区域设置看台的思路，体育场看台东西高、南北低，马鞍形屋面与这一看台形式完美契合。但这一屋面造型在东西侧外高内低，而南北侧则为内高外低。为解决排水问题，东西侧看台先向环形排水沟排水，然后水排至内侧挑篷上弦高于外侧看台下弦时，利用桁架间高差排至巨柱内排水管。

屋顶排水组织 / Roof drainage diagram

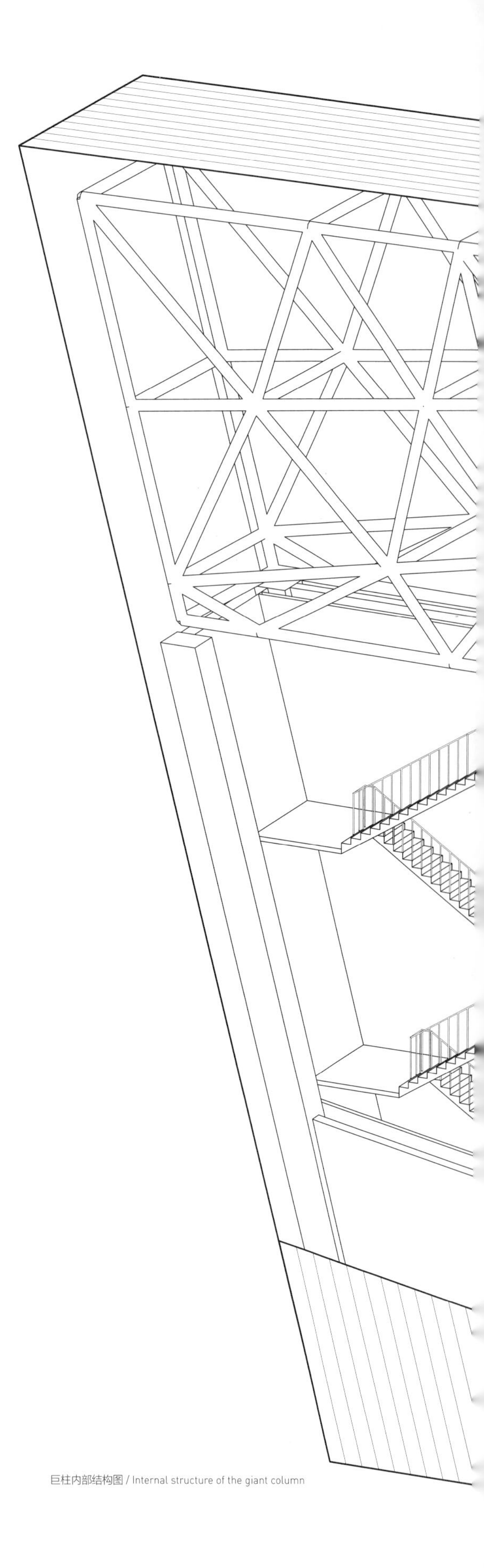

巨柱内部结构图 / Internal structure of the giant column

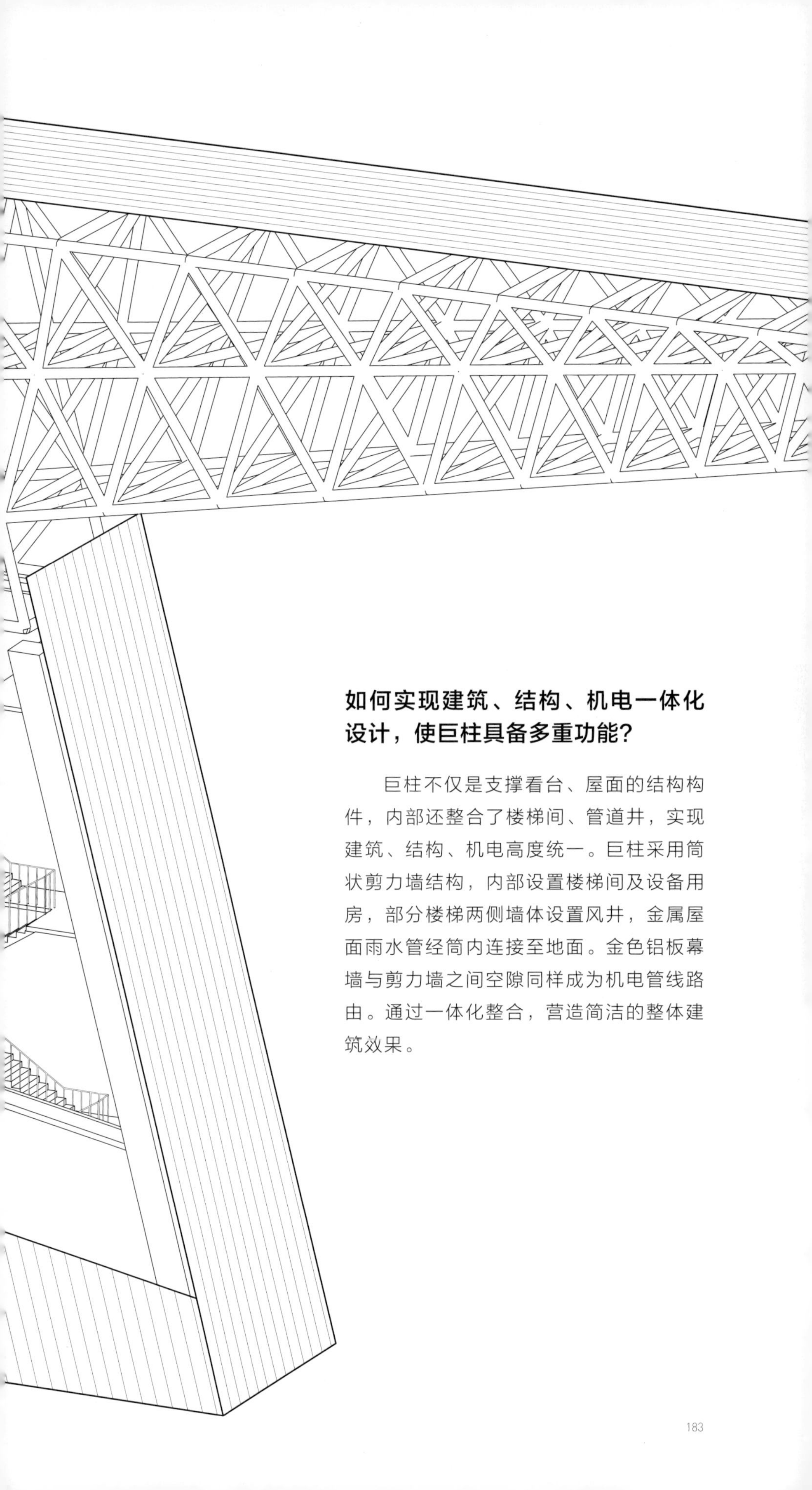

如何实现建筑、结构、机电一体化设计，使巨柱具备多重功能？

巨柱不仅是支撑看台、屋面的结构构件，内部还整合了楼梯间、管道井，实现建筑、结构、机电高度统一。巨柱采用筒状剪力墙结构，内部设置楼梯间及设备用房，部分楼梯两侧墙体设置风井，金属屋面雨水管经筒内连接至地面。金色铝板幕墙与剪力墙之间空隙同样成为机电管线路由。通过一体化整合，营造简洁的整体建筑效果。

巨柱幕墙的材料与色彩应该如何选择？

鄂尔多斯市体育中心被老百姓誉为“金色的马鞍”。通常，金色容易有俗气的感觉，我们采用9种不同色度与肌理相搭配的蜂窝铝板来构成立面，铝板分为3种不同的金色，每种颜色铝板分为光面和砂光面，砂光面铝板又分为压花和不压花两种肌理。在近人处采用砂光压花肌理蜂窝铝板，避免了近人尺度铝板容易磕碰影响观感的问题，增强质感与细节；在高远处采用亮光肌理蜂窝铝板，映射周围环境，使建筑形象熠熠生辉。最终形成了从色度到肌理呈现出不同变化的建筑形象，金色的俗气感消失了，建筑显得更加丰富而有层次。每块铝板最长可做到12米，大幅减少了幕墙的竖向分缝，使巨柱整体上更加挺拔。另外，在两块板之间，我们还采用深灰色蒙古纹饰的冲孔铝板作为内衬，强化了立面的凹凸质感，使建筑可远观，可细看。

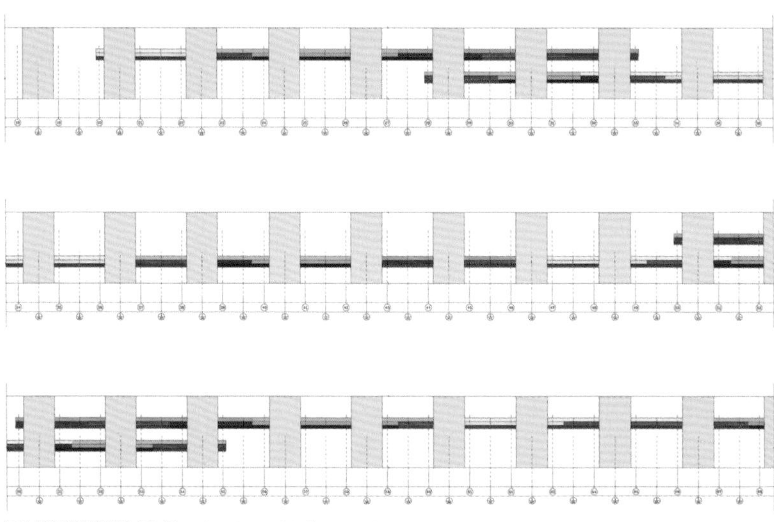

巨柱之间彩色飘带配色方案 / The color scheme of the "streamers" between the giant pillars

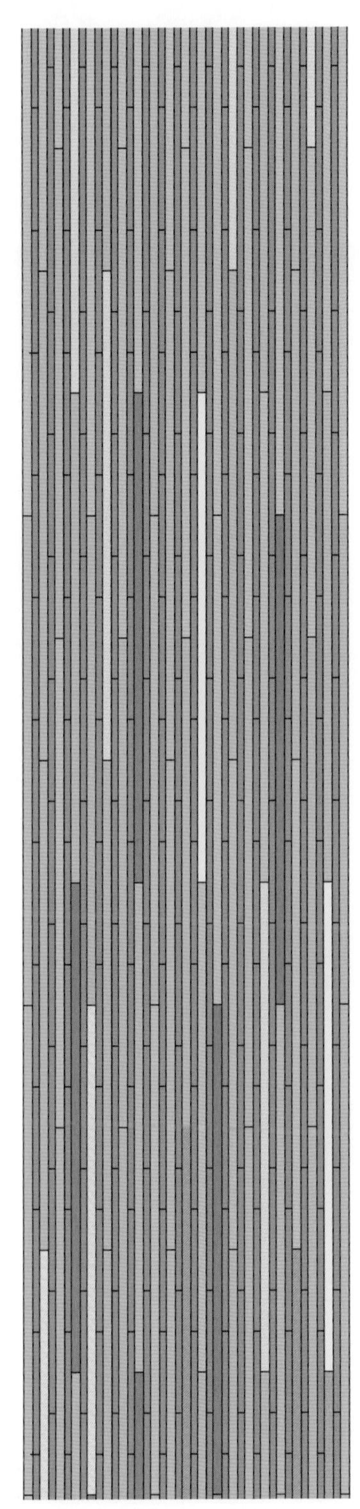

不同肌理和色泽的格栅状铝板所组成的组合幕墙 / Curtain wall composed of aluminum panels with different textures and colors

铝板颜色及压花图例

- 1G
- 1GY（压花）
- 1S
- 2G
- 2GY（压花）
- 2S
- 3G
- 3GY（压花）
- 3S
- 穿孔板无纹理
- 穿孔有纹理

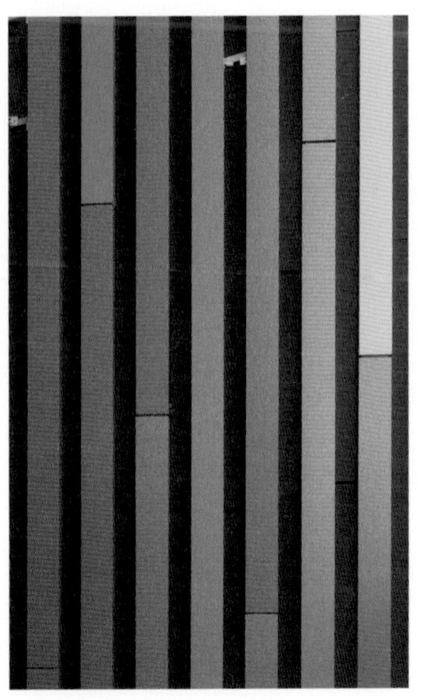

组合幕墙细部 / Details of the curtain wall

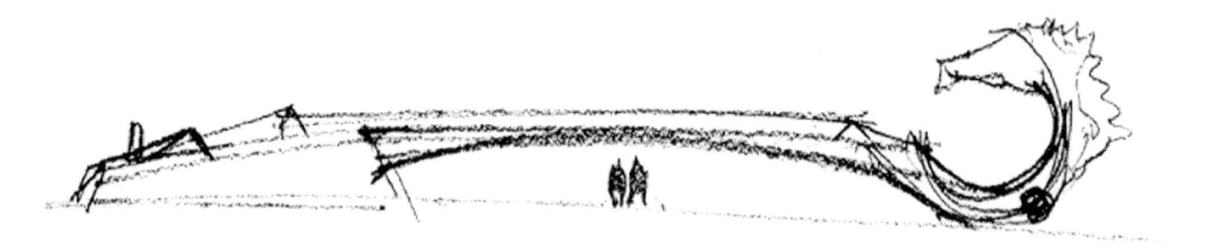

马头琴主题雕塑概念草图 © 崔愷 / The concept sketch of Matouqin theme sculpture © Kai CUI

仪式性大道及马头琴主题雕塑 / Ceremonial road and the Matouqin theme sculpture

鄂尔多斯体

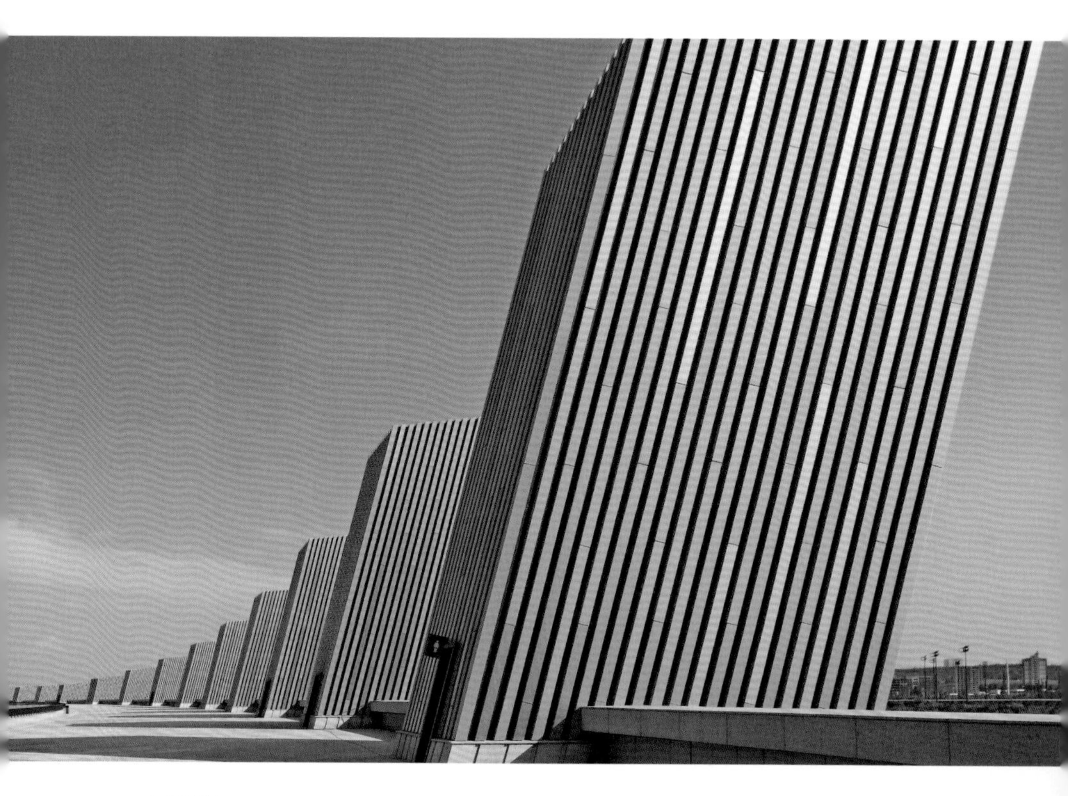

远望游泳馆 / Exterior view of the natatorium

游泳馆内部 / Interior view of the natatorium

体育馆内部 / Interior view of the gymnasium

体育馆 / The gymnasium

33
34
35

围合

中国医学科学院药物研究所药物创制产学研基地

ENCLOSING

Research Building of Institute of Materia Medica, Chinese Academy of Medical Sciences and Peking Union Medical College

作为华北地区最典型的传统建筑，四合院不仅集中体现了传统文化审美，而且最大程度反映了建筑对环境气候适应的结果。其在风热环境控制方面的传统智慧，也为现代建筑的空间设计提供了指导。科研实验建筑不应只是高效的机器，更应该是绿色、共享、传承的有机结合体。

As a typical traditional building type in North China, Siheyuan not only embodies the traditional Chinese culture and aesthetics, but also reflects the adaptation to the environment and climate to the greatest extent. The traditional wisdom in the control of wind and heat conditions also provides guidance for modern architectural design. More than meeting the client's requirements for scientific uses, the building should be a complex of green, sharing, and inheritance.

北京协和医学院旧址
Old buildings of Peking Union Medical College Hospital

通往中央庭院的平台 / Platform leading to the central courtyard

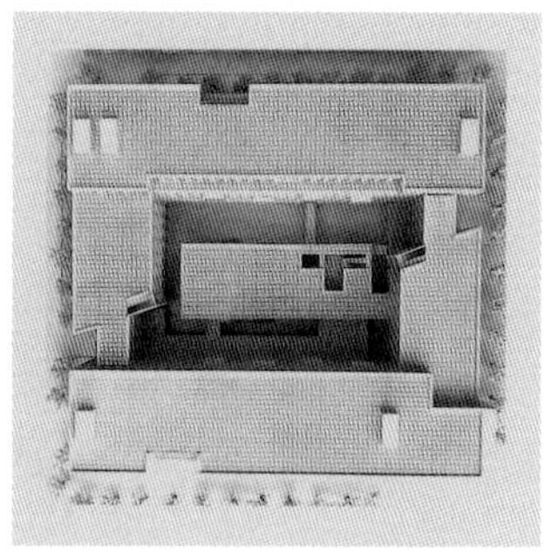

模型图 / Model

中国医学科学院药物研究所新药创制产学研基地（简称“药研所”）是位于北京市大兴区的生物医药基地，服务于新药创制研发。项目的设计灵感来源于北京协和医学院原校址中西合璧的建筑风格。设计师在满足工艺流程与可持续理念的基础上，将项目打造成所有员工的集体文化记忆载体。

建筑整体布局科学合理，使用便利。根据用地形状和业主对规模的要求，合理控制建筑的进深：从实验室的有效利用角度理解，进深越大越有利，但从自然采光和自然通风考虑，进深不宜过大。我们在两者间较好地进行了平衡，建筑的进深控制在三跨柱网，形成东西侧4层、南北侧5层的回字形布局。入口设置在临近园区主入口方向的东南侧，生物楼呈L形布置在西北侧，而化学实验室置于下风向的东南侧，两者间通过室外连廊相连。

实验室布局简洁、高效，大型仪器室、动物房、洁净实验室集中布置，其余实验室模块化布置，将复杂的功能化繁为简。数据分析室、走廊、实验室构成一个标准的实验室单元模式。同时设计师对于特殊功能需求的实验用房充分考虑：动物房设置于地下，首层设有大型仪器室，三层设有净实验室。除了通用性强的模块化实验单元外，设计师还针对使用习惯和特定功能进行精细化设计。例如，带有特殊大型仪器的课题组一开始就确认了迁移计划，设计师通过深入的资料收集以及与实验人员的沟通，将需要迁移的设备集约布置、精确定位，避免空间浪费。

现代医药的研发是多学科交叉的结果，创新源自交流。为此，设计师重点打造了不同层次的室内外交流空间。首先，将入口大堂设置为可供集会、展示等公共活动举办的空间。其次，围合院落、下沉庭院、露台成为室外交流互动场所，同时设置了部分2~3层的竖向空间。这些空间既满足了通风采光的要求，又成为半公共的交流空间。化学楼与生物楼之间的连廊、东西两侧屋面是不同学科间的室外交流空间。不同层次的交流共享空间串联起来，形成一个连续的公共交往空间体系，最终组合成一个促进交流与探讨的建筑。

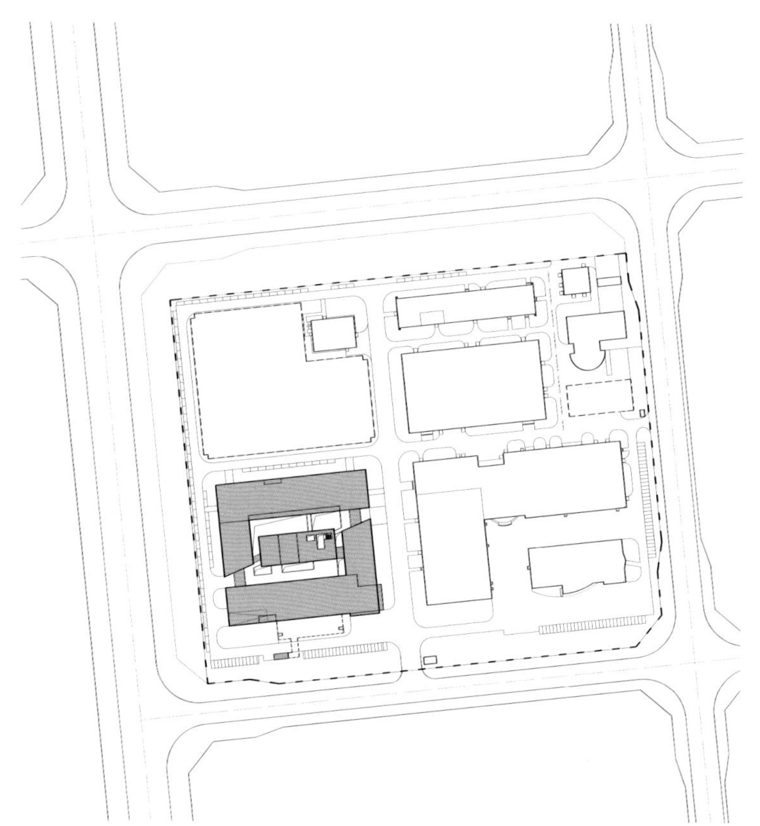

总平面图 / Site plan

建筑间的连廊形成交往的空间 / The galleries between the buildings provide space for communication

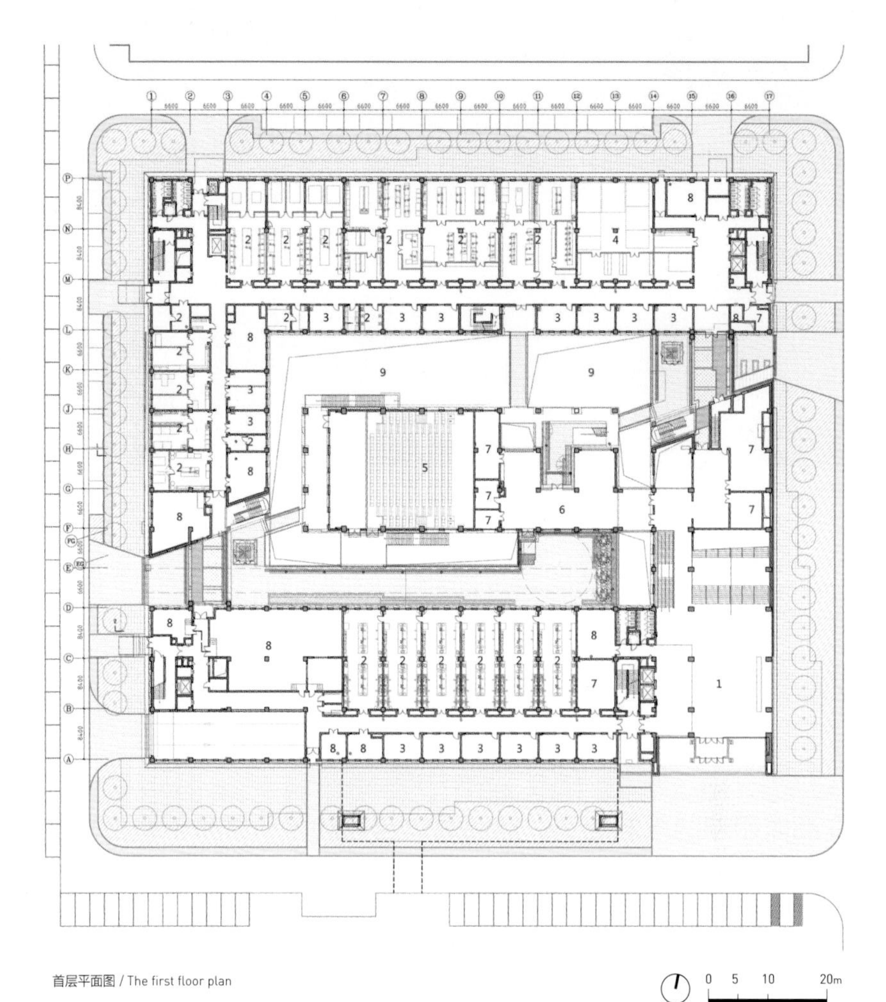

首层平面图 / The first floor plan

1. 入口展示大厅　1. Entrance & Exhibition Hall
2. 化学实验室　2. Chemistry Lab
3. 数据处理间　3. Data-processing Room
4. 核磁共振实验室　4. Nuclear Magnetic Resonance Lab
5. 阶梯教室　5. Lecture Hall
6. 展廊　6. Exhibition Galleries
7. 库房　7. Storage Room
8. 设备用房　8. Equipment Room
9. 下沉庭院　9. Sunken Garden

屋顶花园与连廊 / Roof gardens and galleries

在高容积率的限制之下，如何通过合理的建筑排布创造出舒适的空间？

用地东西长128米，南北长113.9米，控制高度为24米。项目按三跨柱网控制建筑进深，并在场地中部形成一个64米×45米的院落。院落空间扩大了建筑的采光及通风界面，为使用者提供了一个有别于外部工业园区的空间环境。

东西两侧建筑体量低于南北建筑体量，有利于院落内房间采光得热。将人员停留时间更长的数据处理间面向环境更优的内院设置，进深较大的实验室则面向外侧设置便于采光。院落中部地下层设置阶梯教室、图书室等空间，由于下沉庭院的设置，这些场所可获得等同于地上的空间感受。下沉庭院的位置位于内院中偏北的位置，利于增加庭院内绿化植被的日照时间。绿化是围合院落的重要构成要素，可以起到局部遮阳、增加空气湿度、中和二氧化碳、释放氧气的作用。

项目中通高空间及连廊的位置，经过科学合理的计算，有利于过渡季走廊与办公空间的自然通风，改善内院风环境，同时为室内走廊空间提供了自然采光，避免了走道过长对空间感受的影响。此外，设计通过设置在围护界面上的“洞口”引导自然通风、改善风环境。

围合的院落空间 / Enclosed courtyard space

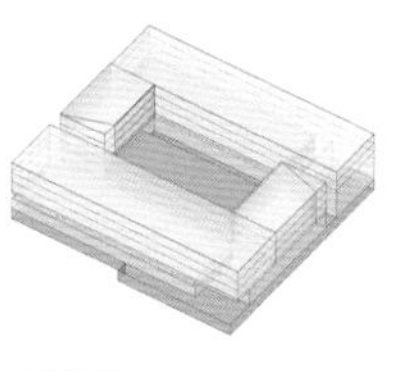

整体体块

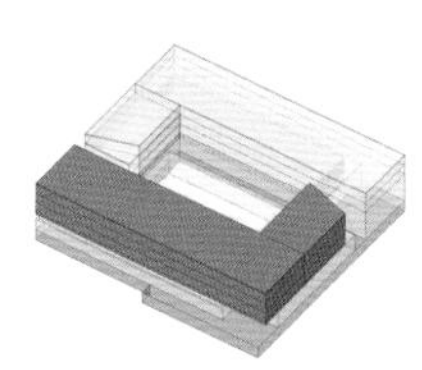

化学楼

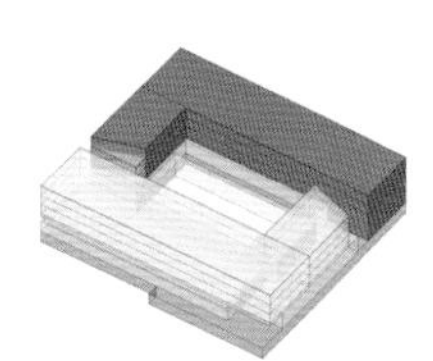

生物楼

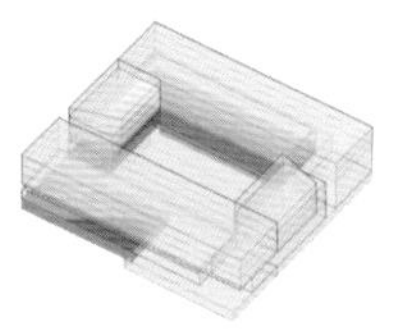

动物用房

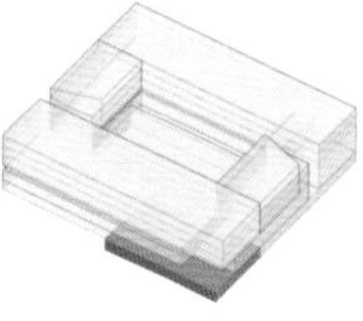

车库

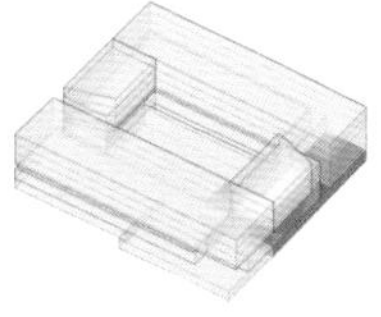

机房

功能分区 / Functional zoning

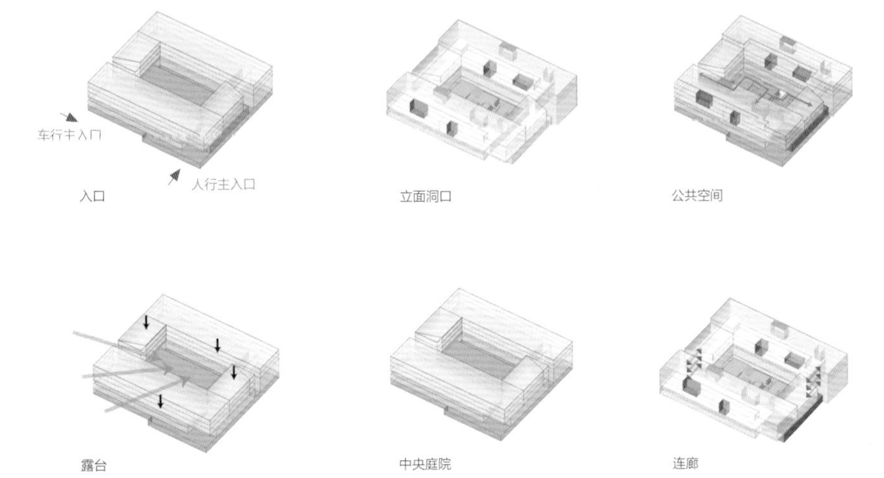

功能分析图 / Analysis of function layout

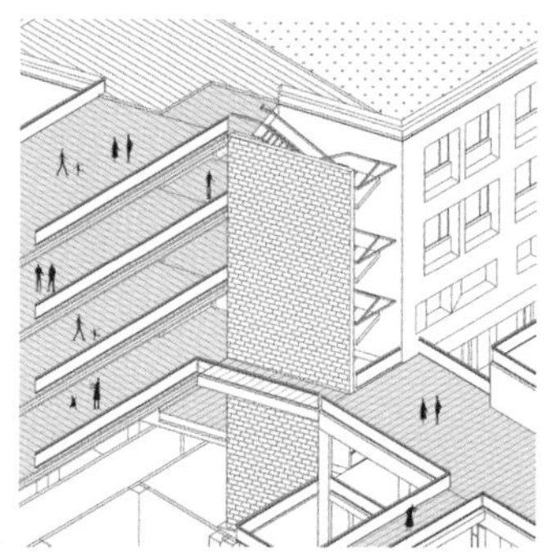

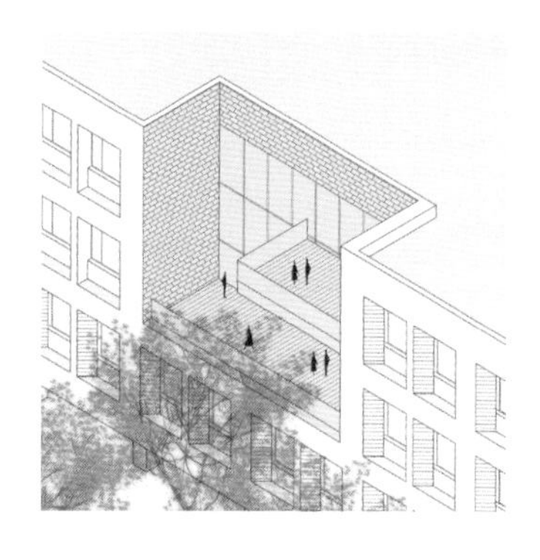

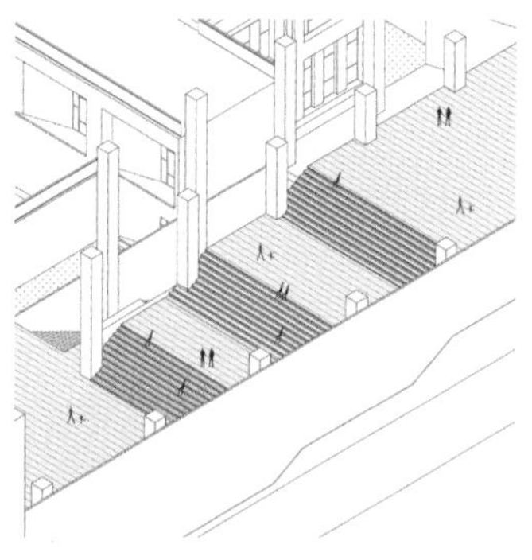

交往的空间 / Communication spaces

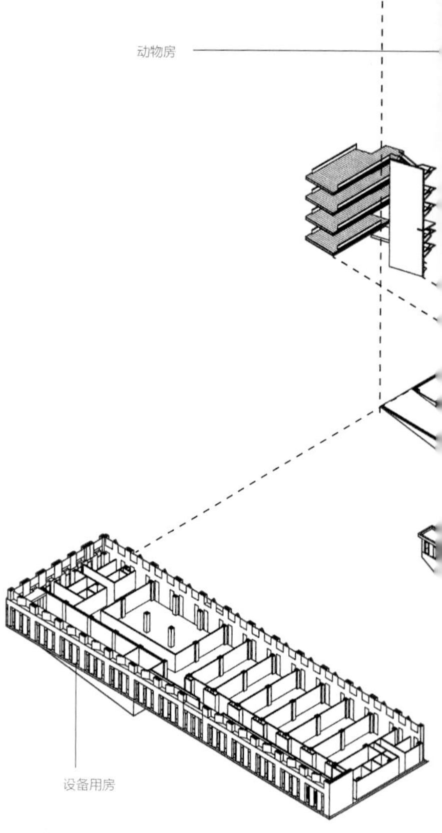

整体布局分析图 / Analysis of the function arrangement

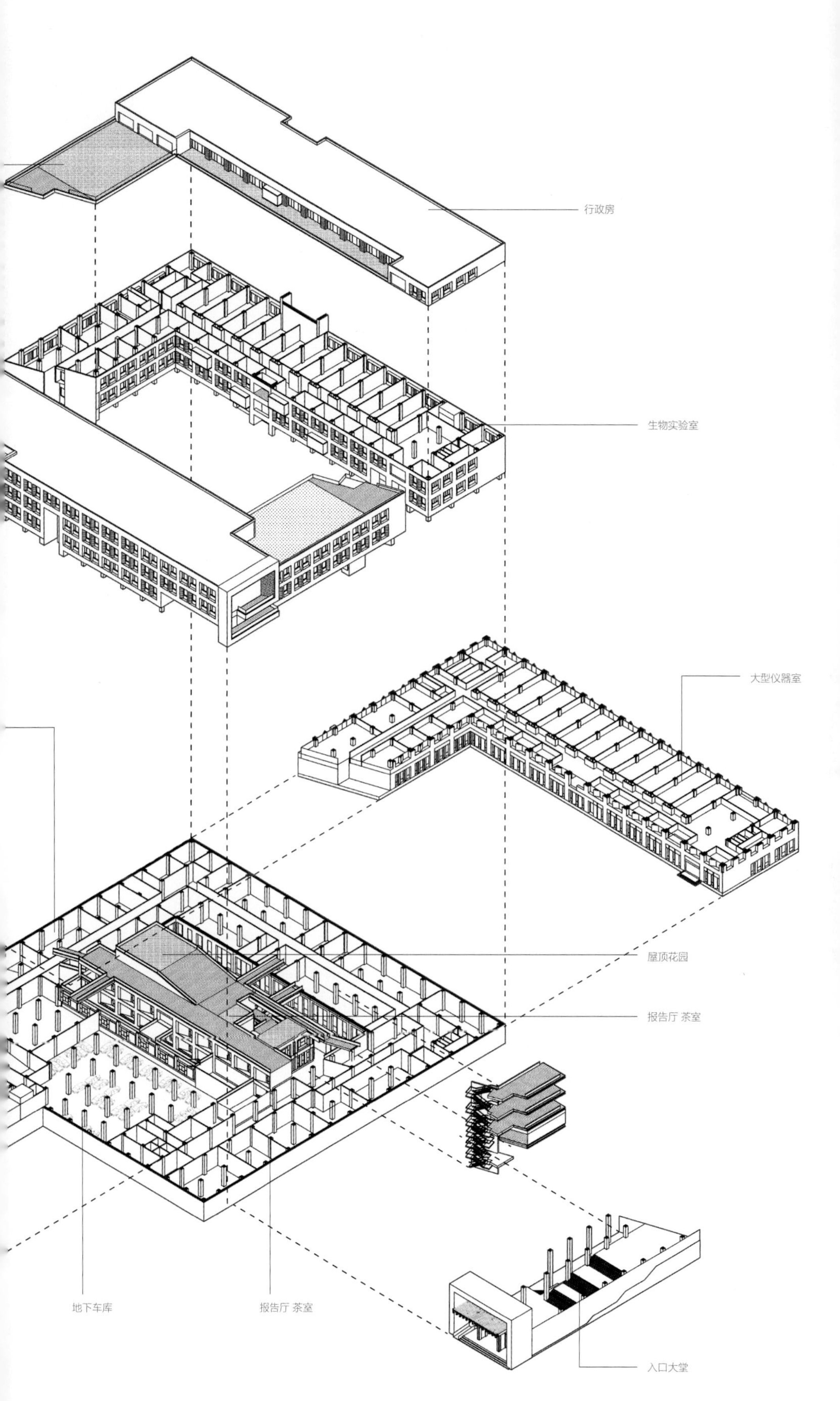
行政房
生物实验室
大型仪器室
屋顶花园
报告厅 茶室
地下车库
报告厅 茶室
入口大堂

屋顶花园与连廊 / Roof gardens and galleries

如何创造出丰富的交往空间?

我们在建筑内部打造了不同层级的交流共享空间体系，兼顾私密和公共、自省和交流；同时，通过有效的空间分隔，使各学科、各类型实验室相对独立，符合实际科研活动中各课题组独立研究的需求。公共交流空间包括适合举行规模较大的交往活动、集会活动的入口大堂空间，围合院落空间，以及下沉庭院、首层露台、立面通高空间、连廊空间、四层屋顶空间、电梯厅空间等。设计中采取了一定的功能留白的形式，多尺度、均匀布置的公共空间可满足多功能的利用，聚会场合和偶遇时机的创造促进了科研人员的相互交流，无拘无束的交谈有助于科研人员思想火花的迸发，并因此找到解决问题的途径、发现研究方向，使科研人员也成为设计建造过程的积极参与者。

中央庭院 / Central courtyard

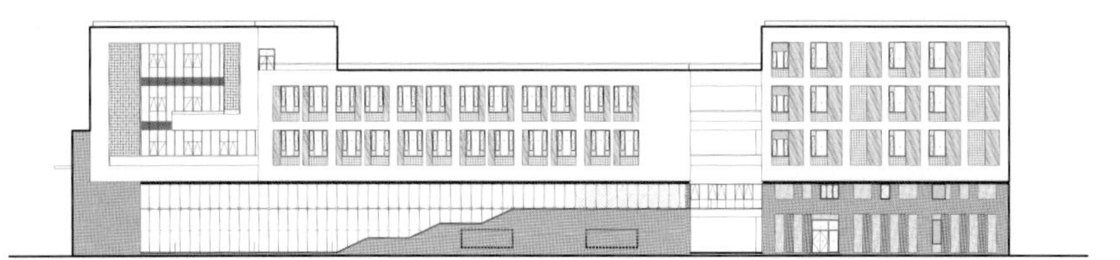

东立面图 / East facade plan

西立面图 / West facade plan

南立面图 / South facade plan

北立面图 / North facade plan

南立面实景 / South facade

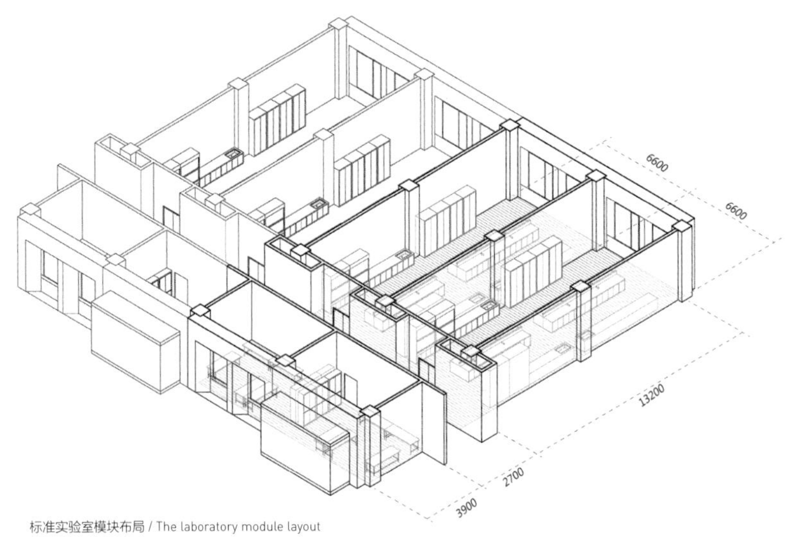

标准实验室模块布局 / The laboratory module layout

建筑排布、室内布局要针对医学科研作哪些方面的考虑?

本项目着重体现了传统建筑的绿色理念与现代科研建筑绿色技术的结合，关注使用者。秉承“研究是由人进行的”的理念，旨在打造服务于现代科研活动的新型科研建筑。除了满足针对性和灵活性的设计原则外，我们还重点考虑了特定地区的气候环境下的技术适应性，以及切合科研人员使用习惯的亲和性。

实验室面宽根据实验柜的模数布置，单元间为活动隔墙，可根据不同实验课题组的需要弹性地进行划分。实验室数据分析室相对设置，数据分析室门与实验室门均设玻璃观察窗，科研人员可以在分析室内等候实验结果，更有利于保护实验人员的健康。

东立面实景 / East facade

如何通过建筑语言再现协和的文化记忆，凝聚共同价值观？

项目所服务的药研所是一所隶属于中国医学科学院北京协和医学院的科研机构，而协和原校址是一座院落式布局、采用砖墙和琉璃瓦的中西合璧的建筑群。任何组织机构的发展离不开文化，而文化源自于共同记忆。药研所人对协和原校址中西合璧的建筑风格有着深刻的记忆。我们借鉴了这些建筑元素，建筑整体形式现代简约，首层及二层外立面砌块采用清水装饰砖砌筑，上部采用简约的方格形窗，在传承“老协和”基础上打造“新协和”。主入口处对垂花门进行基于现代手法的抽象再现，登堂入室间，拾起关于协和校园的记忆。立面洞口处不同深浅的绿色条状铝板形成肌理，是对协和老校址入口处琉璃瓦的演绎与升华。中国传统文化历来有着对花木的浓厚喜爱与对自然的亲近之情，本项目除了在庭院中进行了大量的种植外，屋顶花园台阶尽头栽种了一棵杏树，借“杏林讲坛”之意，体现了药研所的教学属性；四层露台还预留了一处药用植物种植园，让科研人员保留回归乡野的意趣。

建筑主入口 / The main entrance

首层及二层立面采用灰砖砌筑 / Gray-brick façade of the first and second floors

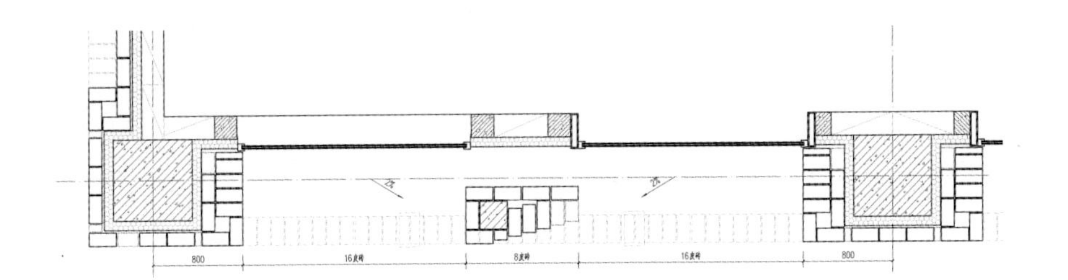

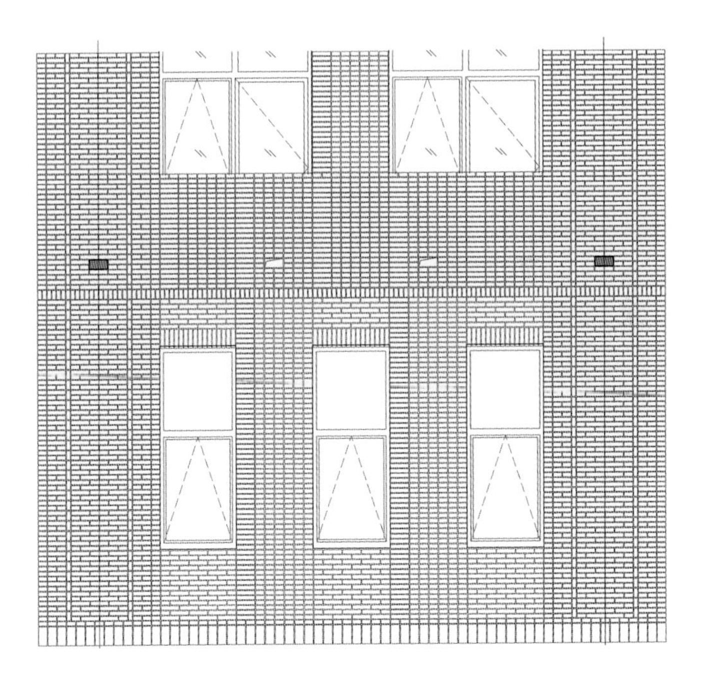

灰砖砌筑详图 / Construction details

入口大堂空间满足集会、演讲等大型公共活动的需求 / The entrance hall provides space for large public events such gatherings and speeches

记忆

太原市滨河体育中心改造

MEMORY

Reconstruction of Taiyuan Riverfront Sports Center

在中国，很多城市现代化发展的历史并不长，除了那些被认定的能够反映历史风貌和地方特色的文物保护建筑，特定历史时期建造的城市公共文化设施，也代表着城市的特色标识和公众的时代记忆。轻易地抹去城市痕迹的事情在中国的大小城市时有发生，但城市应该是一个连续生长的有机体，让新的生长发生在旧的痕迹之上，是我们设计的出发点。

Many cities in China do not have a long history of modernization. In addition to the protected heritage buildings of historic and cultural significance, those public buildings built two or three decades ago also manifest specific historical characteristics of the city, being unique marks to citizens' collective memory. However, such cultural facilities are increasingly disappearing in many Chinese cities. A city, as an evolving organic entity, should continue its memories through architectural design.

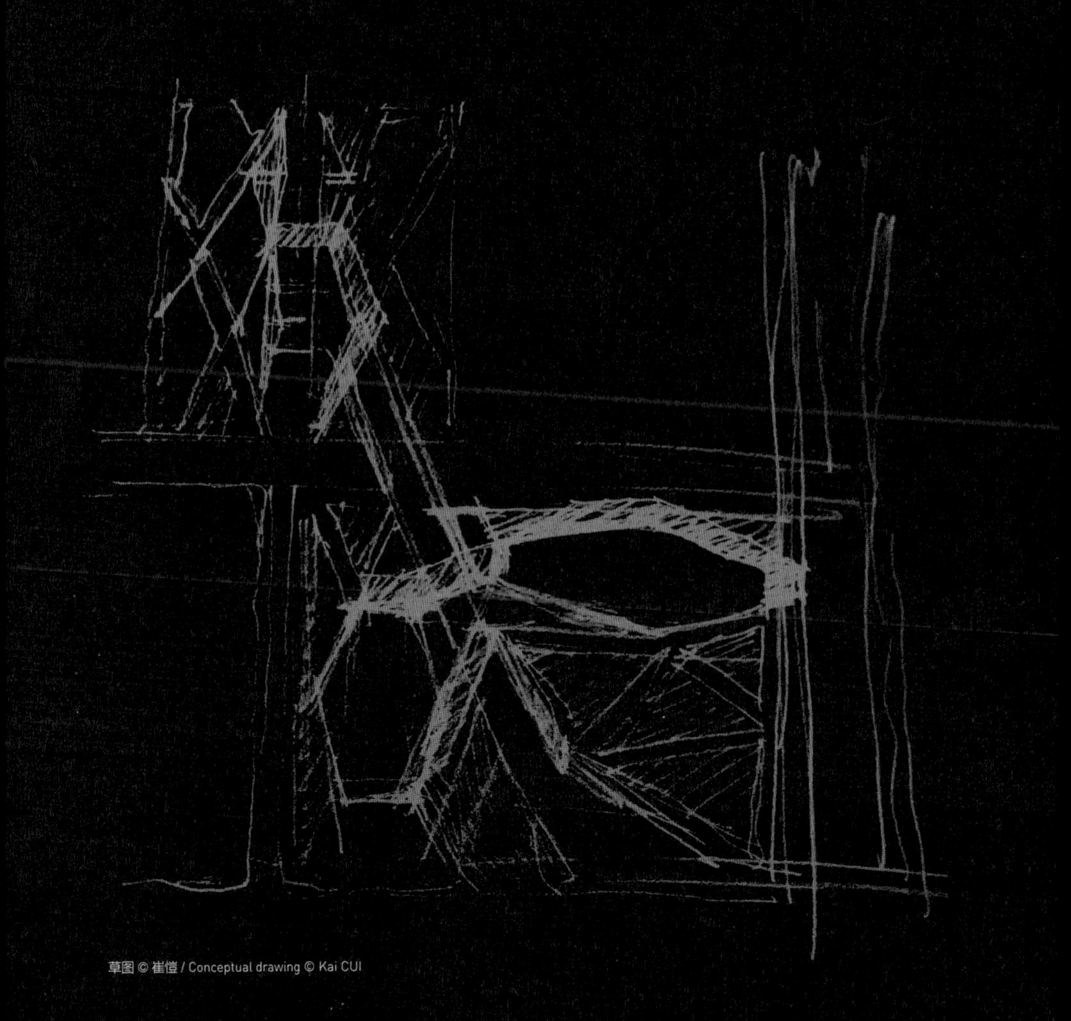

草图 © 崔愷 / Conceptual drawing © Kai CUI

两个场馆通过整体屋面连接成一个整体 / The two buildings are connected into a whole through the large roof

模型图 / Model

太原市滨河体育中心旧馆建成于1998年，是山西省早年修建的大型综合性体育场馆之一，其占地面积10万平方米，建筑面积约2万平方米。体育中心坐落于汾河之畔，是太原河西地区的地标性建筑。在太原滨河体育中心20多年的运营中，城市不断发展，体育中心周边的高层住宅不断涌现，20年前设定的体育中心功能与市民的需求早已不再匹配。对于随着城市发展、不适宜继续使用的特定建筑，我们没有采用“一拆了之”的做法，而是通过针对性的研究、精细化的利用，合理地提高既有建筑能效，增强其实用性及舒适性，拓展地下空间，优化建筑结构，使建筑满足新时代的使用需求。

在对旧体育馆的改造中，保留旧有痕迹的同时赋予其新的活力并非易事。原滨河体育馆包括主馆和副馆两个主要场馆，我们将场地较小的副馆和主馆形象较混乱的外部平台进行整体拆除，保留的主馆比赛大厅部分即“老馆”。结构检测与拆除工作同步进行，经检测分析与论证后，我们对老馆原钢结构整体拆除更换，对混凝土部分保留结构框架进行加固。

满足基本的安全性要求后，我们又通过“加法减法并用”的方式，对场馆空间效果进行优化：老馆原南侧主门厅室内净高仅4米，低矮昏暗，我们拆除了局部上层楼板，仅保留联系梁，形成通高入口空间，同时增加斜向支撑用以实现上部悬挑的室外平台，斜向支撑结构天然成为通高门厅内的装饰造型，东侧通过新建结构实现扩大的通高门厅，以此解决老馆层高矮、公共空间压抑的问题；与东侧门厅同步实

现的还有结合造型设计的室外楼梯，增强室内外空间互动的同时优化观众疏散条件；我们拆除了老馆四层空置的放映设备间内的隔墙、增加玻璃窗，改造为贵宾包厢；其他功能性的改造还包括加建无障碍电梯、扩大运动员休息室等。

老馆外立面具有标志性的Y形造型在立面和室内设计中得到保留；原有保温板立面斑驳不堪，我们采用铝板幕墙赋予老馆新的立面肌理；而包括主入口南侧大台阶、南广场喷泉、旗杆广场在内的原体育中心元素，则在新的场地设计中得到了意向上的延续。

基于为第二届全国青年运动会赛事服务，兼顾赛后全民健身使用的目标，我们将滨河体育中心整体改造为园林性、生态型、开放式的体育公园。项目投标阶段的体育中心建设规划包括南北两区，滨体北侧设有一座12000座网球馆，也延续了老馆六边形平面的建筑语言；通过构建贯通南北地块的交通联系，使原本割裂为南北两区两处体育用地中心整合起来。后续随建设计划调整，从经济性考虑将网球馆调整为露天式网球场及体育公园，但仍保留了原规划的南北区空间关系及过街廊桥。

南区景观与建筑一体化设计，对场地进行功能重组和补充，新馆朝向汾河设置观景平台，强化整个规划区域作为青运会场馆，面向城市的标志性。老馆在朝向南侧原主入口位置补充观景平台；并结合北区专业性运动场地，补充休闲游憩健身活动区、生态绿地、健身步道，增强场馆与城市的互动。这些举措促进体育中心激活城市空间，并重新融入市民生活。

体育公园及改造后的体育中心 / Sports park and renovated sports center

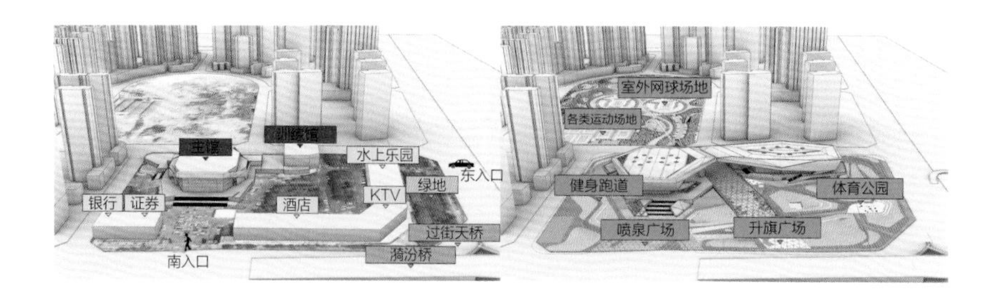

改造前场地情况 / The situation before the renovation

改造后场地情况 / The situation after the renovation

针对新的功能需求，应该如何决定新建和改造的内容？

特定历史时期建造的城市公共文化设施，代表了城市的特色标识和公众的时代记忆。而城市是一个连续生长的有机体，对建筑功能设施进行全面升级、以适应新时代需求的同时，应保留既有建筑的记忆符号，让新的生发在旧的痕迹之上。

所有的改造和扩建都应针对既有的问题：场地缺少绿化，与汾河城市休闲带割裂；地块周边的微循环路交通组织不便，缺少停车设施；院内功能混杂，沿街建筑风貌混乱，阻隔体育馆与城市界面的视线联系；场馆设施老化，无法满足赛事要求；群众健身设施不足，而场馆无法全时利用。

我们首先将整理提升区域环境作为主要目标，对场地周边建筑进行全部拆除，将体育中心主体露出城市界面，形成体育中心对城市景观界面的形象；腾退的场地及东侧代征绿地统一设计为体育公园；同时，利用公园的地下空间设置拥有600个车位的地下车库，以解决地面乱停乱放问题；将腾退的服务性功能植入建筑内部，赛后作为体育培训、体育商业等租赁空间，以保障场馆的良性运营。原滨河体育馆包括主馆和副馆两个主要场地，经勘察及评估后，我们将场地较小的副馆和主馆形象较混乱的外部平台进行整体拆除，保留主馆4000座的比赛大厅部分，并在其东侧新建全民健身中心。全民健身中心内部为1500座全活动座席体育场，采用统一的屋面将新老部分连成一个整体，屋面硬朗的折线表达体育建筑的力量感和速度感。随后统一处理两馆的观众集散平台，增设朝向主入口和临河方向的室外平台，使新老建筑有机融合。

总体鸟瞰改造前后对比 / Bird's eye view: before and after the renovation

改造前后同一视角对比：从汾河对岸眺望体育中心 / View from the other side of Feng River: before and after the renovation

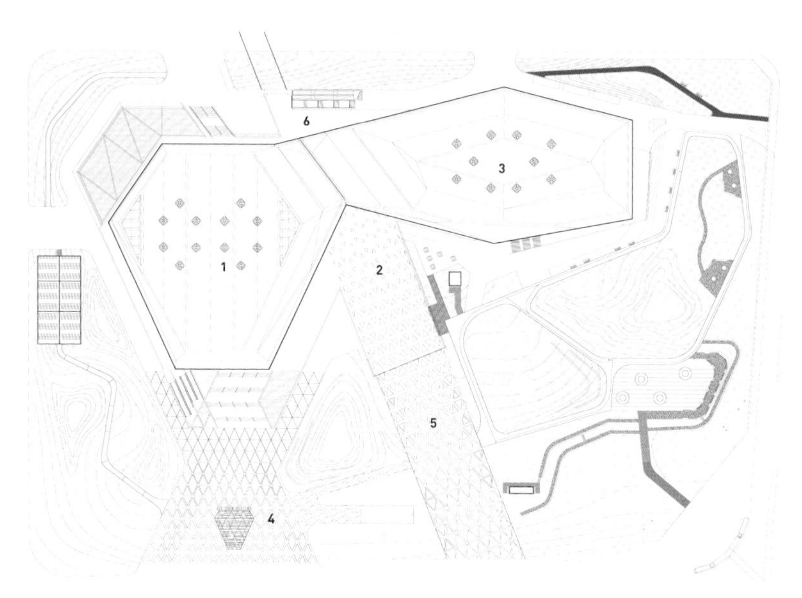

场地平面图 / Site plan

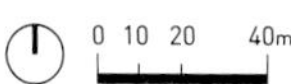

1. 乒乓球比赛馆（老馆）
2. 游泳馆
3. 媒体及新闻发布
4. 喷泉广场
5. 升旗广场
6. 天桥（连接网球中心）

1. Table tennis hall (old hall)
2. Natatorium
3. Press room
4. Fountain square
5. Flag raising square
6. Overpass (to Tennis Center)

体育公园视角 / View form the sports park

建筑原结构加固 / Strengthening the original structure

对于旧建筑的结构应该如何利用?

首先对保留老馆进行结构检测和抗震鉴定，并重新进行地质勘察。针对老馆功能空间特点和新的功能需要进行研究。老馆原钢结构网架已变形，经论证加固原钢结构的成本较高，故选择整体更换平板网架。老馆的混凝土部分可基本满足结构要求，通过增加阻尼器、粘接钢板及钢筋网片等方式增加结构抗震性能，合理的减震设计减少了加固工程量并降低了施工难度。既有老馆看台结构基本与建筑及结构需求匹配，故仅对表面混凝土质量进行修复并重新涂刷地坪。本工程场地土液化严重，抗浮水位高。为不影响老馆的地基稳定性，紧临的扩建区域采用钻孔灌注桩，并利用桩侧后注浆（抗拔桩）或桩侧、桩端后注浆（抗压桩）技术提高桩基承载力以减少桩长，节约工程量，缩短工期。

整体鸟瞰 / Bird's eye view

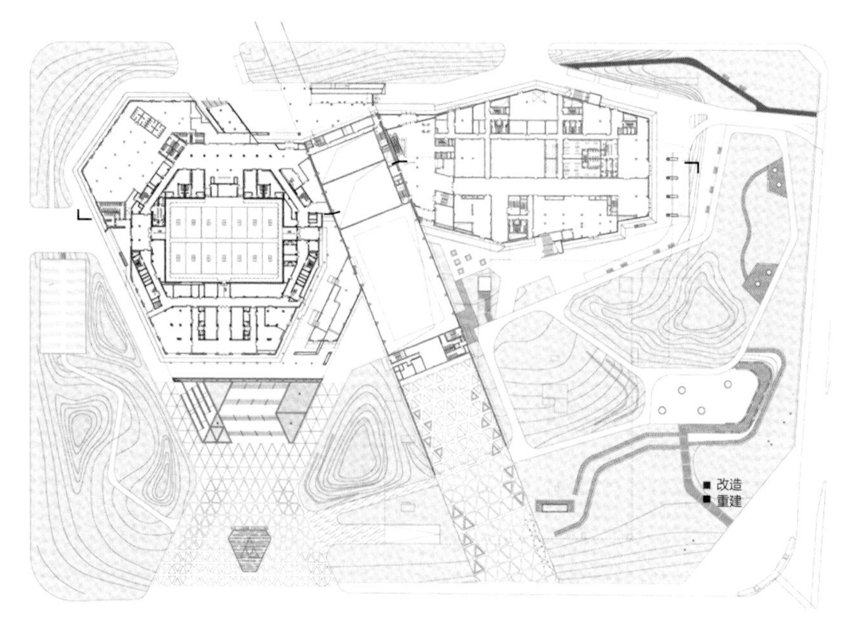

首层平面图 / The first floor plan

鸟瞰图 / Bird's eyes view

主馆南入口广场改造前后同一视角对比

The south entrance plaza of the main hall before and after the renovation

立面主体采用蜂窝铝板 / The architecture surface built with honeycomb aluminum plates

立面材料细部 / Details of the surface material

改造与新建的部分如何有机地融合渗透，形成一个整体？

中国的城市面貌处在高速更迭时期，本项目代表了城市更新中一种常见的更新类型：建成时间不长，外部形象落后于日新月异的城市环境，功能空间设施陈旧但仍有使用价值，且改造后需延续在城市中的既有角色。区别于历史性建筑改造中差异化并置新旧元素以凸显文脉的理念，陈旧而缺乏美学意义的旧形象被丰富而活跃的新形态取代是历史的必然，类似于新陈代谢中新细胞的生长。

新建和改造的整体性来源于同一套DNA下新旧元素的渗透融合。旧向新，是内化的延展，是既有结构外围由新生功能带来的有节制扩展的空间，辅助新建部分与既有空间衔接；新向旧，是外化的包裹，是条状铝板折面对保留部分的拉结，为旧有立面“打蜡上油”，焕发新的光彩。融合的方案从功能和形态上都摒弃“臃肿”而推崇“精壮”，以突显体育建筑独有的魅力。

主馆东立面改造前后同一视角对比 / The east facade of the main hall before and after the renovation

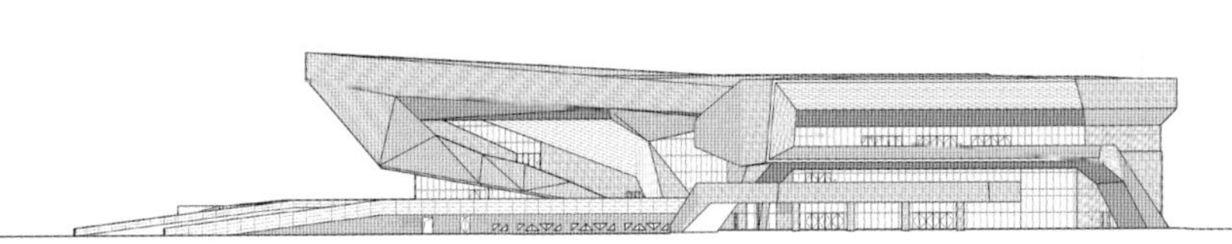

东立面图 / East facade plan

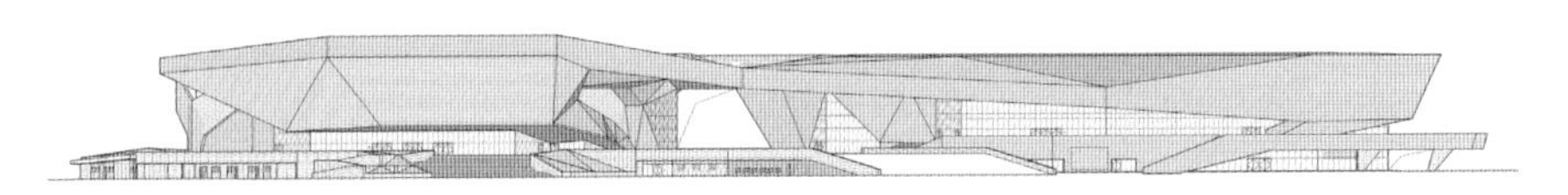

南立面图 / South facade plan

改造后的主馆大厅 / The renovated main hall

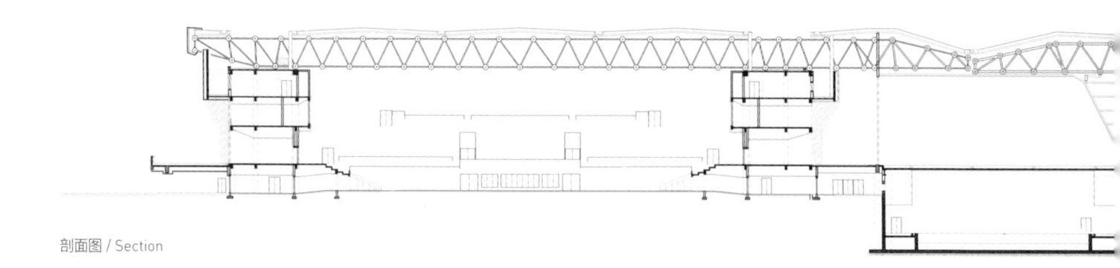

剖面图 / Section

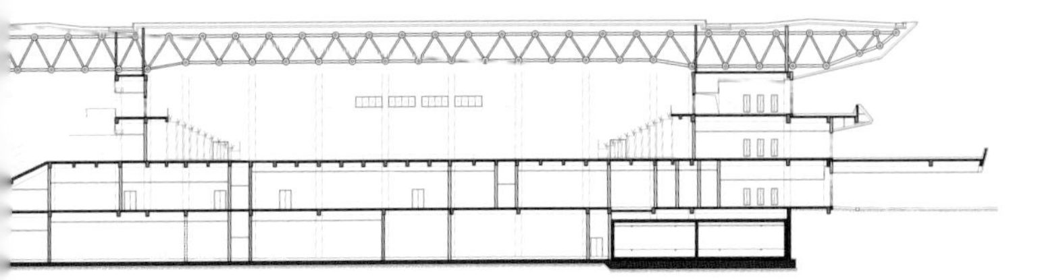

夜间照明设计强化建筑轮廓 / The lighting design strengthens the building's image

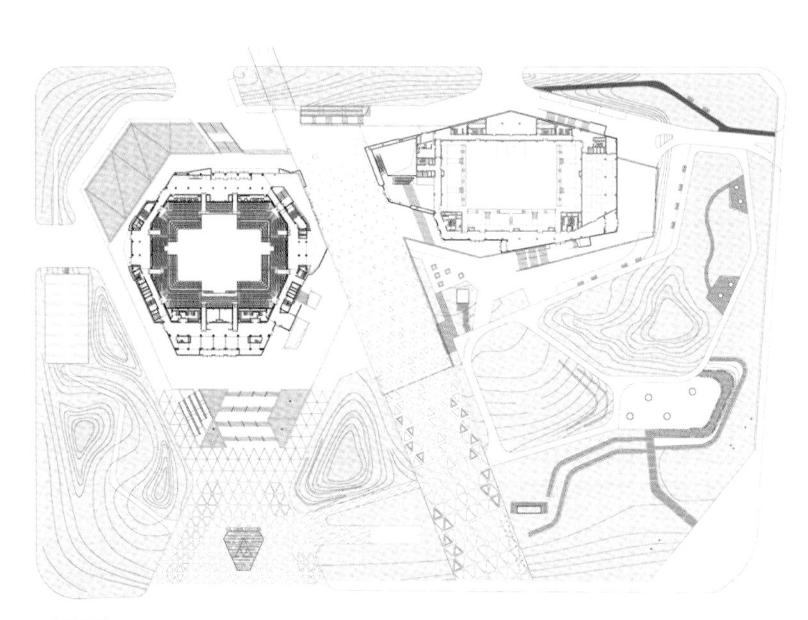

二层平面图 / The second floor plan

体育公园 / The sport park

改造前后同一视角对比：老馆外立面具有标志性的Y形造型在立面在改造中得到保留

The iconic Y-shaped facade of the old building is retained in the renovation

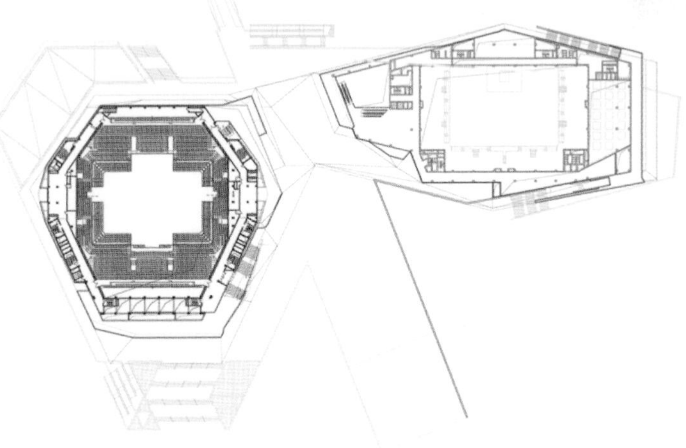

三层平面图 / The third floor plan

檐下灰空间提供了公共活动场所 / The space under the roof provides a place for public activities

如何在保留原有结构的基础上提高建筑实用性及舒适性？

保留结构虽在一定程度上限定了空间的形态，但仍为功能优化留有空间。借用原结构看台后出挑的较高空间，结合新增外立面所围合的区域扩大观众厅，提供了更大的运动员检录空间和观众集散空间，公共空间的层次感分明。原有空置的看台高区后侧办公室改造为贵宾包厢，同时利用原外侧走廊柱跨增加悬挑平台，拓展赛时与日常的不同时段的使用场景。除内部空间外，对原有结构在造型上的重新处理，也为公众提供了更多的户外活动空间。

本项目改造部分综合考虑了主体结构保留的受限条件及新的工艺需求。以比赛馆为例，空调系统基本维持原设计，比赛场地采用可调式旋流风口上送，场地周边侧回风：大球比赛或文艺演出时开启场地送风，小球比赛时关闭场地送风；观众区为可调式旋流风口上送，观众座席下回风。前部射程较大的风口调至直吹型，后部射程较小的送风口调至散流型。其他部分采暖采用散热器结合低温地板辐射采暖，空调采用全空气空调系统及风机盘管加新风系统。根据升级的体育工艺要求，补充更新了体育工艺照明、场地扩声、计时计分、标准时钟、升旗控制、影像采集及回放等系统。

改造后的建筑创造了多样化的公共空间 / The renovated building creates a variety of public spaces

南入口大厅改造前后同一视角对比 / The south entrance hall before and after the renovation

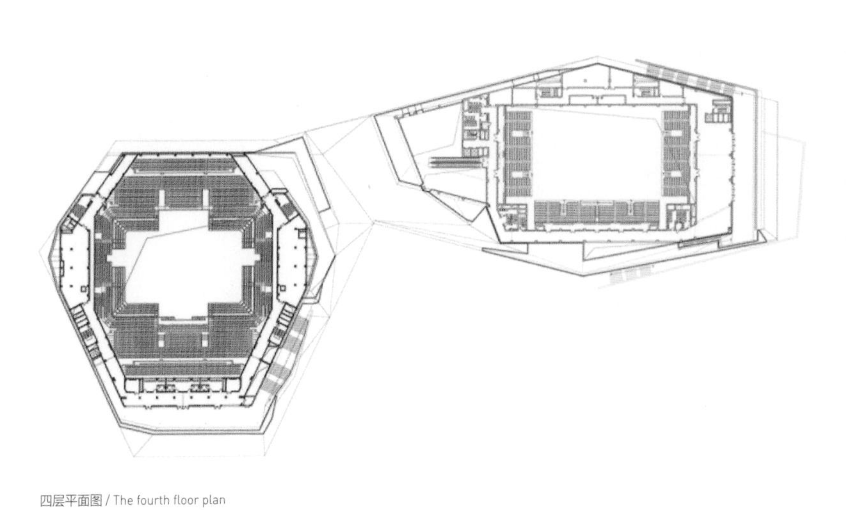

四层平面图 / The fourth floor plan

贵宾通道改造前后同一视角对比 / The VIP entrance before and after the renovation

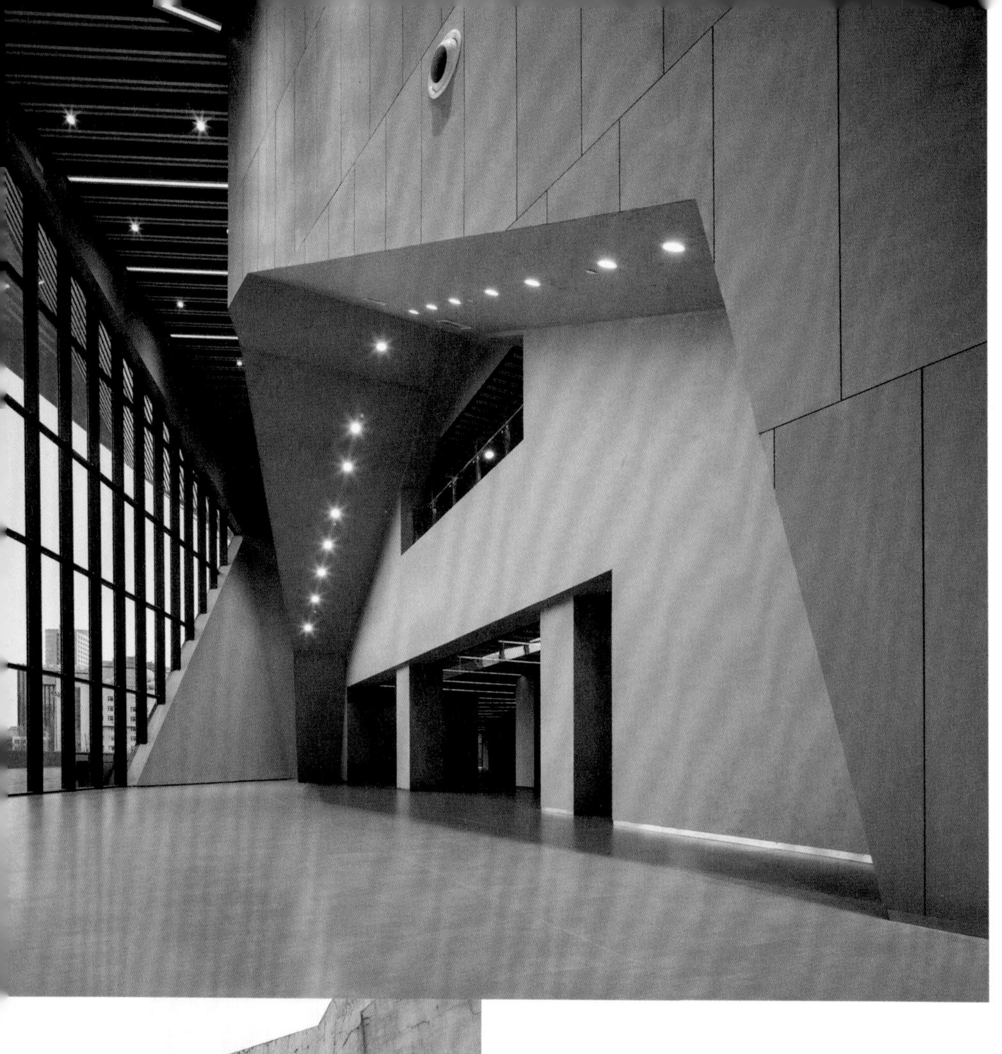

老馆集散大厅改造前后同一视角对比 / The lobby of the main building before and after the renovation

改造后的老馆北入口大厅 / Renovated north entrance hall of the main building

新馆内部 / The interior view of the new building

新馆观众集散大厅 / The lobby of the new building

并置

北京首钢工舍智选假日酒店“仓阁”

JUXTAPOSITION

Beijing Shougang Silo-Pavilion

在李兴钢看来，旧的工业建筑也可以被视为一种特殊的“自然”。新建筑就是要与这种“自然”产生互动，进而产生一种空间诗意。对于我们人类这个物种来说，我们眼中最美的自然应该是经过人工适当介入的自然，因为人类也是自然的一部分。

In Xinggang Li's opinion, historical industrial buildings is also a special kind of "nature". New buildings need to interact with this "nature", creating the beauty of spatial poetry. For humans, the most beautiful nature is what been properly intervened by humans, where humans become part of the nature.

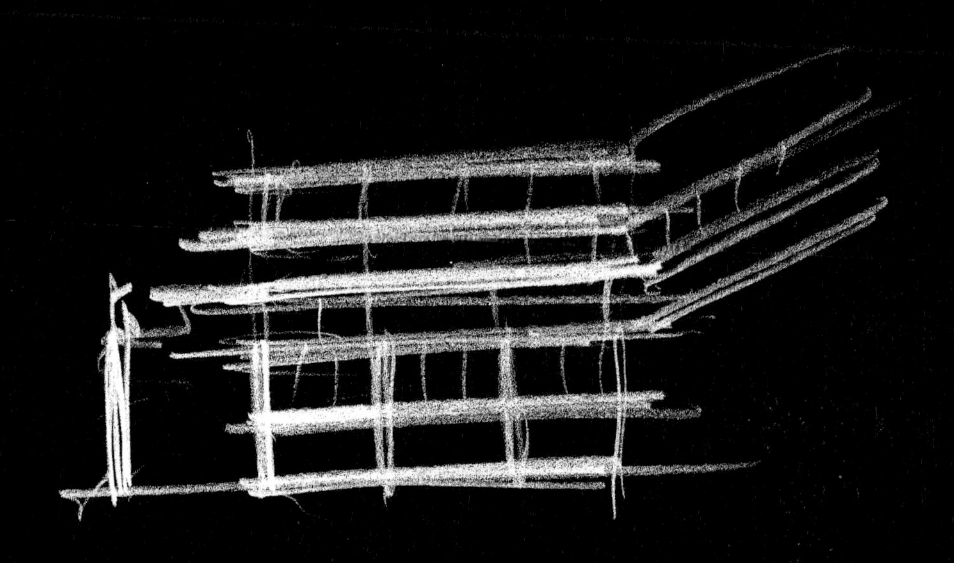

草图 © 李兴钢 / Conceptual drawing © Xinggang LI

由客房眺望首钢工业遗产 / Viewing Shougang industrial heritage from the guest room

首钢在北京的位置 / Location of the Shougang heritage campus in Beijing

北京市区最西端是一座占地8平方公里的钢铁厂——“首钢”。它始建于1919年，其百年的发展历程，见证了中国钢铁工业事业的发展与兴盛。2008年前后，作为第29届夏季奥运会空气质量改善措施的一部分，首钢逐步停产并迁出北京。伴随着首钢的整体外迁，曾经的钢铁园区发生着悄然的变化。2015年，北京获得2022年冬奥会举办权，市政府决定让冬奥组委入驻首钢，并借此机会复兴这一著名的老工业区。

我们介入改造的场地位于首钢老工业区北端，西十冬奥广场冬奥组委办公区东侧，保留有高炉空压机站、返焦返矿仓、低压配电室、N3-18转运站等4座工业建筑。项目原建筑是西十冬奥广场各单体旧建筑中保存最完整的一部分，改造后成为一座特色精品酒店，同时为紧邻的北京2022年冬奥组委办公区员工提供住宿服务。

这一全新的改造设计旨在最大限度保留原工业建筑的空间和形态特点，将新结构见缝插针地植入其中，以容纳未来的使用功能。北区下部的大跨度厂房——“仓”——作为公共活动空间，上部的增建的客房层——“阁”——飘浮在厂房之上。被保存的“仓”与叠加其上的“阁”并置，形成强烈的新旧对比。与此同时，“仓”局部增加了轻薄的金属雨篷等新的部件，“阁”则在玻璃和金属的基础上增加了木门框等具有温暖质感的材料，使“仓阁”在人工与自然、工业与居住、历史与未来之间达成一种复杂微妙的平衡。

剖面模型 / Section model

新旧建筑相互穿插创造出一个令人兴奋的内部世界，新结构由下至上层层缩小，形成高耸的采光中庭，屋顶天光通过透光膜均匀漫射到环形走廊，使整个客房区域充满宁静氛围，错落高耸的采光中庭在“阁”内形成颇具仪式感的“塔”型内腔，艺术灯具从天窗向下垂落，宛如一片轻盈虚透的金属幔帐，柔化了宁静硬朗的空间形式，与原始粗犷的工业遗存形成鲜明对比。

客房层强调外檐构造的精致性和室内空间的舒适性。出檐深远，形成舒展的水平视野，绝大多数客房均有专属阳台，客人在阳台上凭栏远眺，可俯瞰改造后的西十冬奥广场，或欣赏石景山的自然风光。

新首钢地区作为长安街城市轴线的西向延伸，计划2021年完成北区全部空间载体建设，2035年将形成对北京西部地区城市功能和可持续发展支撑，全面建成具有全球影响力的城市复兴新地标。在这一背景之下建成的“仓阁”将成为一次工业遗产建筑改造与城市复兴的代表性探索。

原N3-18转运站被改造为楼梯间 / The original N3-18 transfer station was transformed into a stairwell

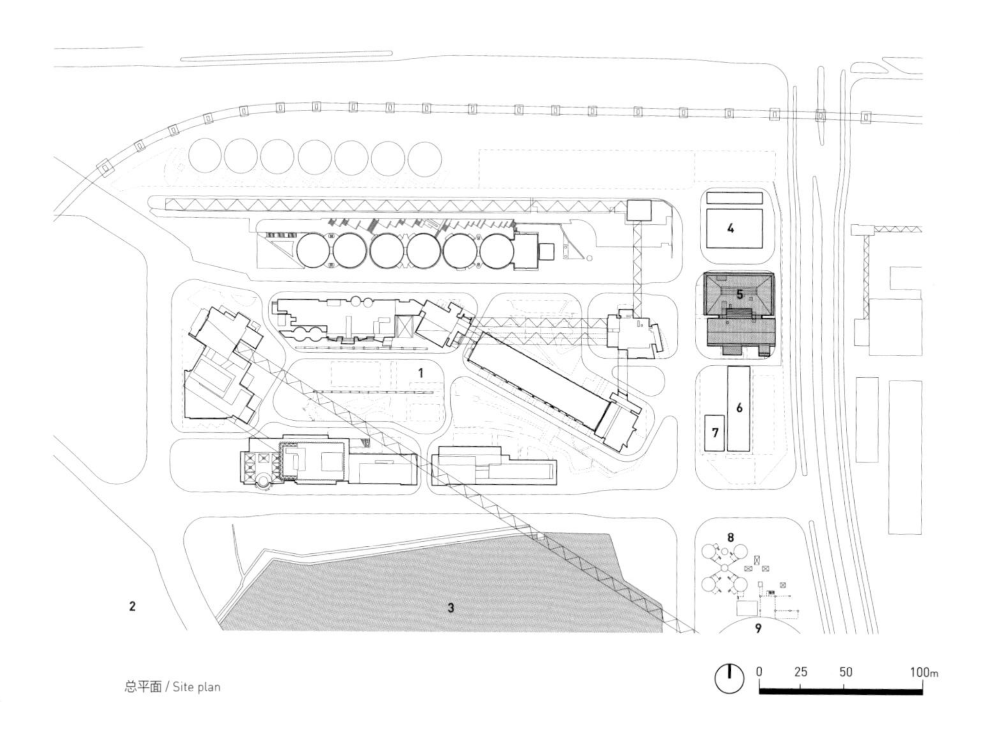

总平面 / Site plan

1. 冬奥组委办公区
2. 石景山
3. 秀池
4. 综合服务楼
5. 首钢工舍
6. 干法除尘滤水室
7. 星巴克
8. 热风炉
9. 三高炉

1. Office area of the Winter Olympic Organizing Committee
2. Shijingshan mountain
3. Xiuchi lake
4. Service building
5. Shougang Silo-Pavilion
6. Dry dedusting and filtering chamber
7. Starbucks
8. Hot blast stove
9. Three high furnaces

新与旧并置 / New building with old structure

如何保留原建筑的基本格局？

我们保留了这4座建筑的原有格局，空压机站与返矿仓之间的缝隙作为采光槽，空压机站中部增设采光天井；转运站与主题建筑相连，并改造为消防通道；建筑外部的钢制楼梯也予以了保留，并进行刷新处理，与原有立面形成鲜明对比。

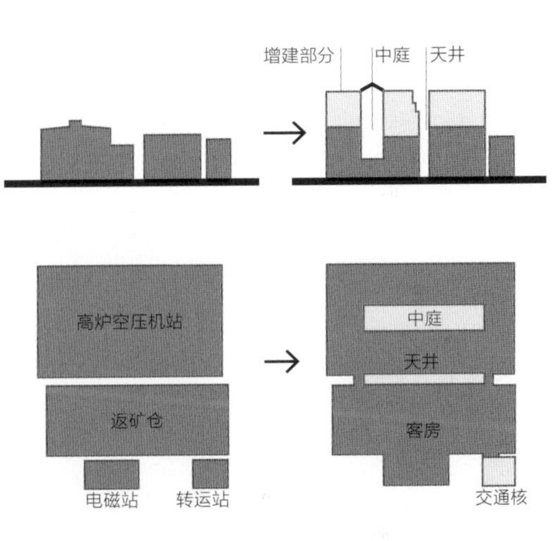

保留原建筑基本格局 / The basic layout of the original building remains

西立面 / West facade

楼梯间 / Stairwell

从西十冬奥广场眺望 / Viewing from Xishi Olympic Plaza

如何尽可能地保留工业遗存，并赋予其新的功能？

旧建筑的改造其实并不是一个新的话题，多年来许多人做过各种各样的探索。对工业建筑的改造再利用已形成了一套比较成熟的做法，常见做法如：仅利用老建筑的结构，重新划分空间、设计立面，或者用新的“表皮”将老建筑包裹其中，或者在老建筑内部做“房中房”等。而首钢项目采取了一种颇为极端的做法：我们对老建筑的保留近乎“贪婪”，既要保留结构，也要保留空间，还要保留外墙，甚至连建筑内部的工业构件也不放过……更极端的是，这一切都是以高密度、高强度的建设为前提，我们要在局促的用地条件和苛刻的限高之下做出一百多间标准客房，这绝非易事。这些因素叠加在一起，形成了首钢工舍新旧交织的特色。

保留特色厂房空间

这一全新的改造设计旨在最大限度保留原工业建筑的空间和形态特点，将新结构见缝插针地植入其中，以容纳未来的使用功能。“仓阁”北区由空压机站改造而成，大跨度厂房的空间感被保留，成为新的公共活动空间。

保留真实的工业构件

空压机站原建筑的东、西山墙及端跨结构得以保留，吊车梁、抗风柱、柱间支撑、空压机基础等极具工业特色的构件被戏剧性地暴露在大堂公共空间中。南区由原返矿仓、低压配电室、N3-18转运站改造而成，3组巨大的返矿仓金属料斗与检修楼梯被完整保留在全日餐厅内部，料斗下部出料口改造为就餐空间的空调风口与照明光源，上方料斗的内部被别出心裁地改造为酒吧廊，客人穿行其间，可获得独一无二的空间体验。

保留有历史感的外立面

尽量利用现有的具有历史感的建筑外墙，体现对工业遗产的尊重和首钢历史记忆的延续。对于拟保留的原建筑涂料外墙，应用粒子喷射技术进行清洗，在清除污垢的同时成功保留了数十年形成的岁月痕迹和历史信息。保留并稍加修整的西立面成为冬奥组委办公区主街——料仓街——的重要尽端对景，同时还起到了隔绝西晒的作用，让老建筑“发挥余热”。

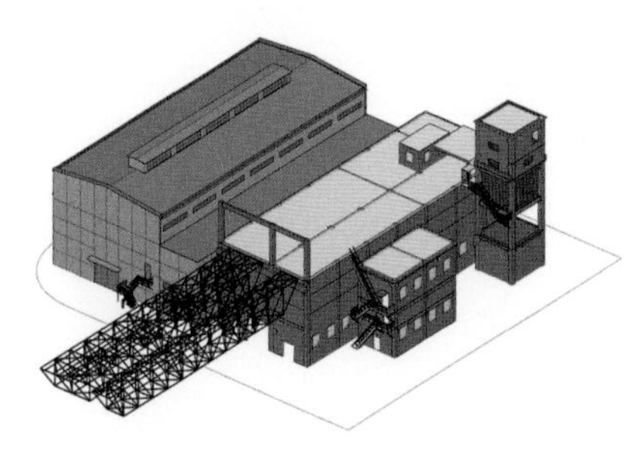

（1）对原有建筑结构进行检测和分析

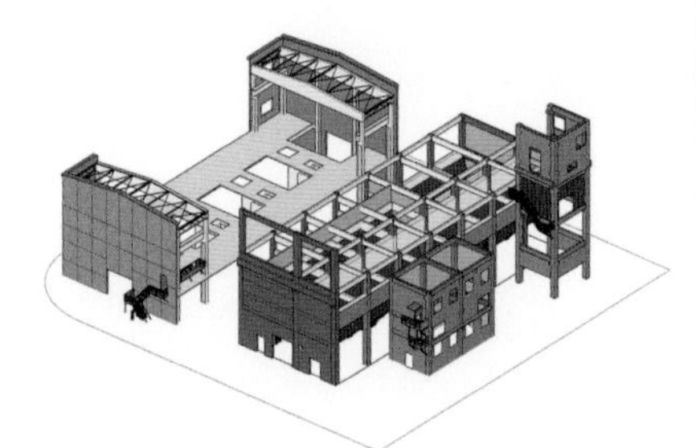

（2）拆除无法利用的部分

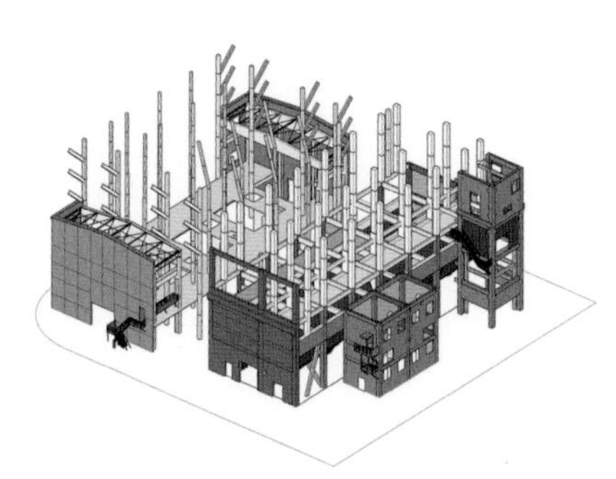

（3）植入新的承重体系，北区为钢结构，南区为钢筋混凝土框架结构

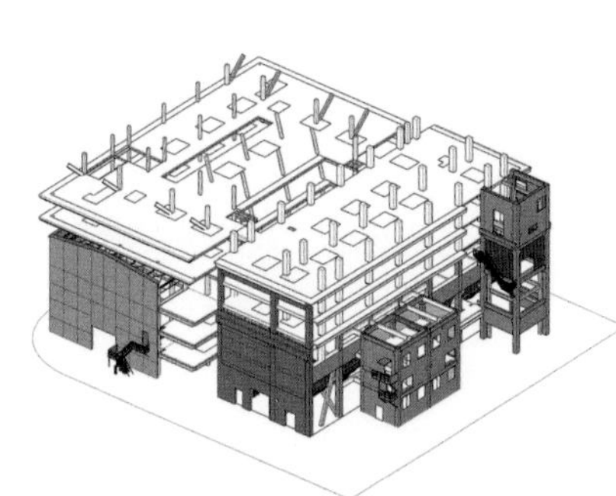

（4）搭建梁和楼板

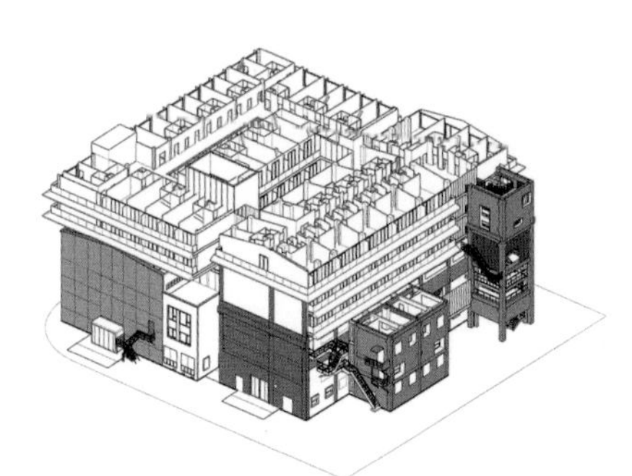

（5）增加墙体

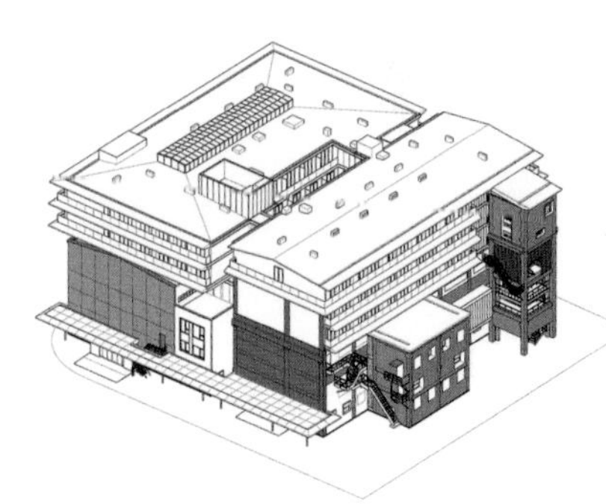

（6）增加坡屋顶

室外楼梯 / Outdoor staircase

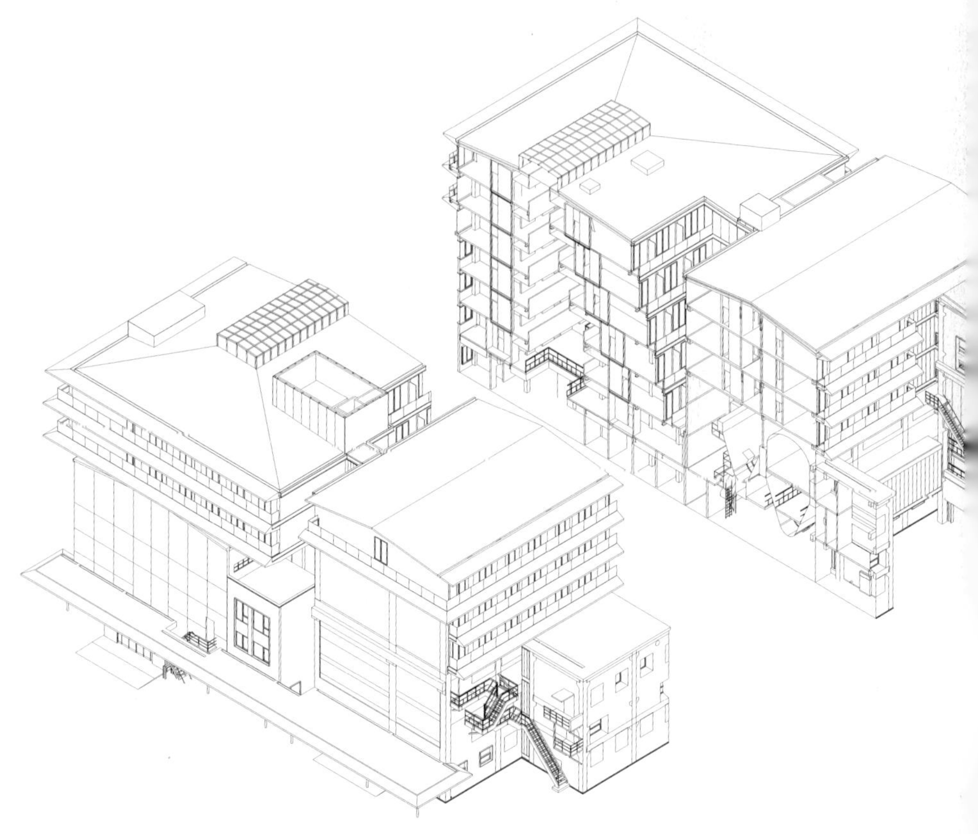

轴测图 / The axonometric drawing

建筑结构改造施工中 / Structure renovation under construction

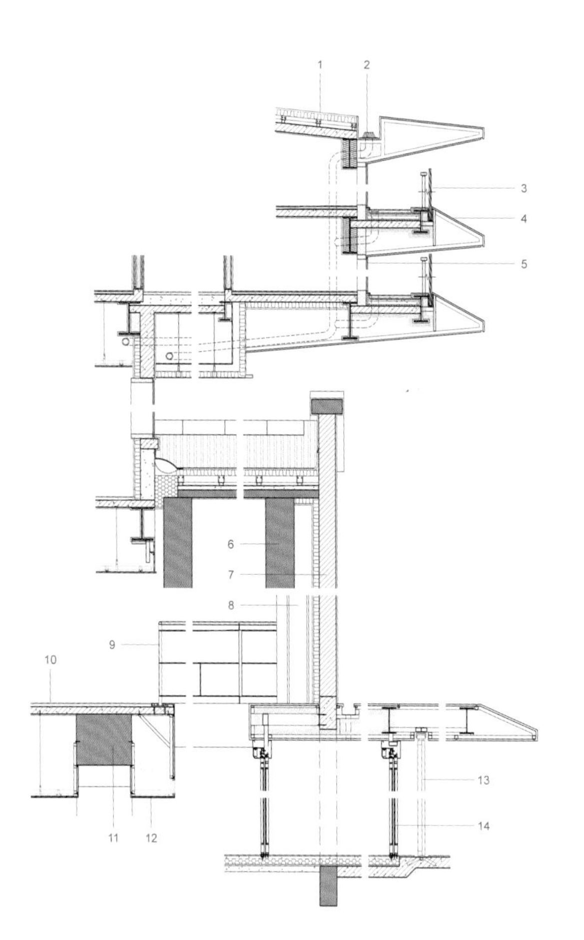

1. 铝镁锰合金板直立锁边金属屋面25/180
   6厚通风降噪丝网
   1.5厚聚酯纤维内增强PC防水卷材
   0.6镀锌压型钢板，衬檩角钢63×4通长布置
   70厚双层憎水型保温岩棉(A级)
2. 不锈钢成品雨水沟，87式雨水斗
3. 10+2.28PVB+10+2.28PVB+10超白钢化夹胶玻璃栏板，内侧设不锈钢立柱及木质扶手
4. 3厚铝合金单板，表面黑色氟碳喷涂
   Q235钢型材龙骨，表面热浸镀锌处理
5. 6+15Ar+6钢化双银Low-E中空玻璃幕墙
   木铝断热推拉门
6. 保留原建筑预制梁
7. 保留原建筑涂料外墙，用粒子喷射技术清除污物并涂刷透明丙烯酸乳液保护剂
8. 保留原建筑抗风柱
9. 明黄色金属栏杆
10. 强化复合木地板
11. 保留原建筑空压机基础
12. 金属银灰色穿孔铝板吊顶
13. 水平滑轨推拉门，面板为绿色花纹钢板
14. 双开45系列铝合金应急平滑白动门

对于保留的原有工业建筑结构，如何进行改造加以利用？

设计伊始，对原建筑进行了全面的结构检测和抗震鉴定，在此基础上，建筑师与结构工程师经过深入探讨，确定了“拆除、加固、保护”相结合的结构处理方案。

空压机站原为预制梁、预制柱、吊车梁、柱间支撑、屋面支撑及屋面板组成的整体装配式结构。改造保留了东西两侧的单榀框架，新做内钢框架，新结构在原建筑屋面以上向东西两侧分别悬挑7.6米，充分发挥了钢结构的优势，强化了“阁”的漂浮感，也形成了建筑形体的自遮阳，降低能耗。

返矿仓原设计为地上5层的现浇混凝土框架结构，由于种种原因只施工了3层，客观上为加建提供了荷载余量。实际改造过程中，在原结构上新加3层混凝土框架，原有柱子用增大截面法进行加固，同时在底部增设X形钢支撑加大结构的抗侧力刚度。

低压配电室和N3-18转运站原为单跨装配式建筑，结构体系和构件承载力均不满足现行规范要求，改造采用保留外侧原有结构、内部新设钢框架与返矿仓连接的方案。

大量保留原建筑立面是本项目的特色，设计本着内部结构对外立面起扶靠作用的原则，二者之间采用类似工业建筑抗风柱的弹簧连接节点，将外立面的自重视为内部结构的附加荷载进行抗震设计。采用外墙内保温系统，通过构造设计解决冷桥问题。

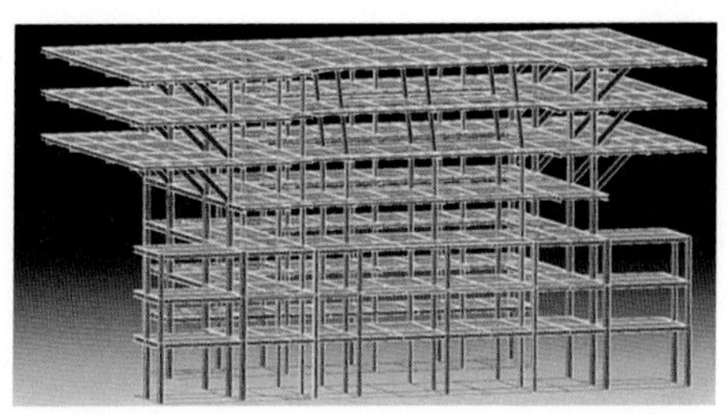

北区结构模型 / Structural model of the north building

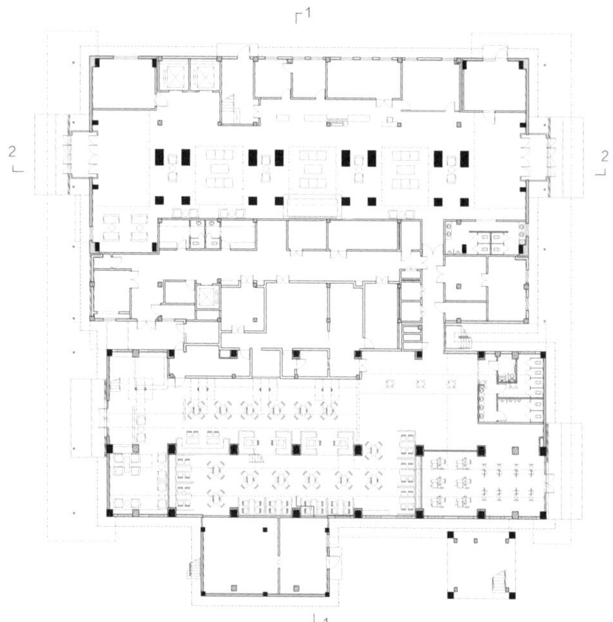

首层平面 / The first floor plan

改造后的建筑与工业遗产 / Renovated building with industrial heritage

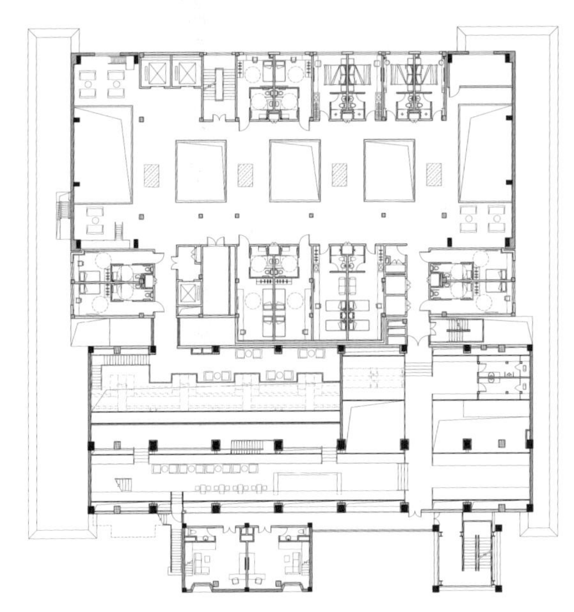

二层平面 / The second floor plan

对于有污染物质遗留的工业遗存应该如何处理？

近年来，旧建筑改造项目设计手法推陈出新，建筑师已不满足于仅保留旧建筑的结构框架，而对围护墙体的保留也提出了更高要求。因此，工程实践中对旧建筑表面清洗保护的要求越来越高——既要清除有害污物，又要保存历史原貌（禁止用新材料覆盖），有时还要满足苛刻的工期、造价限制等要求。

根据首钢工舍智选假日酒店项目的实际需要，我们应用了基于粒子喷射技术的旧建筑外墙清洗保护方法。该方法包括“表面污染物清除”和“表层加固保护”两部分。类似方法国内仅应用于石质文物、古建彩绘清洗等领域，与工业遗存保护再利用和建筑工程相结合尚属首创。

自西南望首钢工舍 / Southwest View to Shougang Silo Pavilion

粒子喷射清洗就是粒子通过空压机形成的空气压力传递清洗作用力到被清洗物表面，使表面污染物从本体上被脱离清除掉。粒子喷射清洗是一种物理清洁方法，脱胎于传统的“喷砂”技术，但又和喷砂有明显的区别，其原理是用极细的固体微粒粒子借助气流或水流，喷射清洁对象的表面，从而使表面附着的污染物被除去。粒子的尺寸、材质共有数百种，根据实际需要选用。如果微粒粒子借助的媒介是空气，则为干法粒子清洁；如借助的媒介是空气和水，则为湿法粒子清洁。

在首钢工舍项目中，需保留的原工业厂房涂料外墙不能用水清洗，否则水会对表面产生二次破坏；也不能用化学溶剂进行清洗，否则化学溶剂在溶解污染物的同时也会和原有表面材料发生化学反应，破坏原有表面的完整性和原真性。因此，我们根据实际情况选择了干法粒子清洁技术。

在涂料外墙表面清洗保护方面，特聘请北京润石文物建筑保护技术有限公司负责此专项工程。根据首钢工舍项目的实际情况，他们提出了如下操作方案：（1）以粒子喷射技术为核心，以干法工艺为主，辅以技术平台上的多种方法，综合进行清洗工作；（2）在粒子喷射技术中，选用德国进口的毫米级和微米级颗粒，材质包括1种天然颗粒（石粉）和2种人造颗粒（塑料、玻璃砂），根据需要清洗的表面情况配合使用；（3）喷射所采用的力度和气压可根据需要实时调整，压力范围从0~10帕连续可调（特殊情况下也可加大到15~18帕），可通过空压机调整，也可通过喷枪调整，需要富有经验的技术人员根据现场情况确定具体的压力和喷

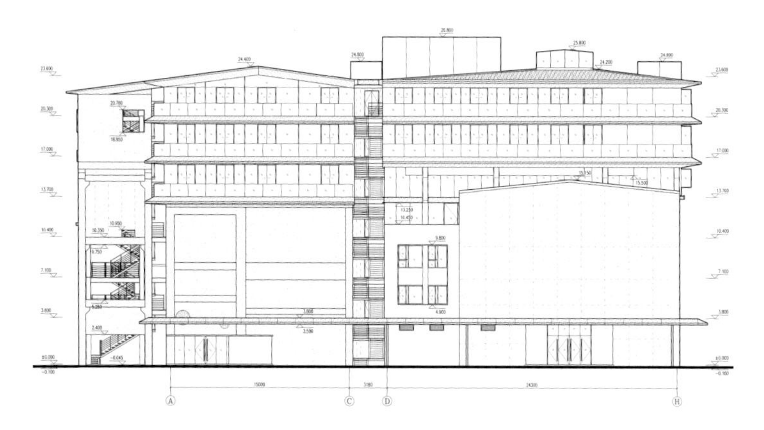

东立面 / East facade plan

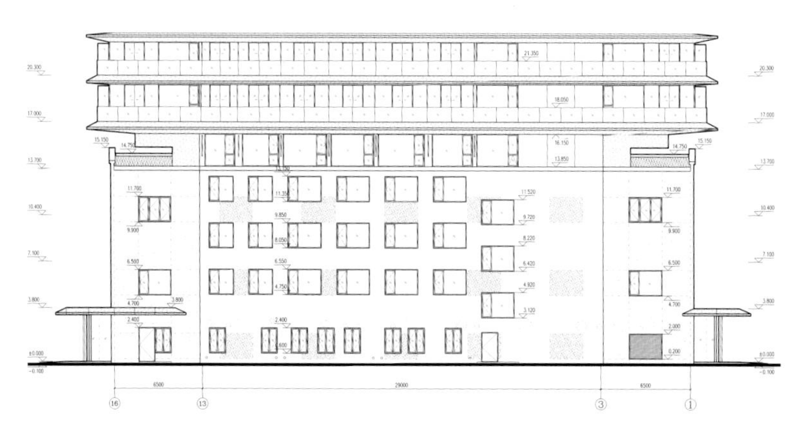

北立面 / North facade plan

射距离；（4）注重环境保护，实现微粒的回收，防止污染环境。回收方式有两种：一种是在清洗时采用区域内封闭喷射（航空脚手架配合塑料防护罩，工人在防护罩内戴口罩操作），另一种是现场采用降尘（喷雾）、吸尘等措施。清洗结束之后，在表面涂刷透明保护剂，并根据建筑效果要求调整保护剂浓度。

在清洗过程中，专业公司、建筑师、业主保持了高效而频繁地沟通，对于保护剂涂刷浓度等可能影响建筑效果的关键环节，都做了多方案比选，最终选择了加水稀释的效果，也体现了对旧建筑历史原真性的最大程度的尊重。

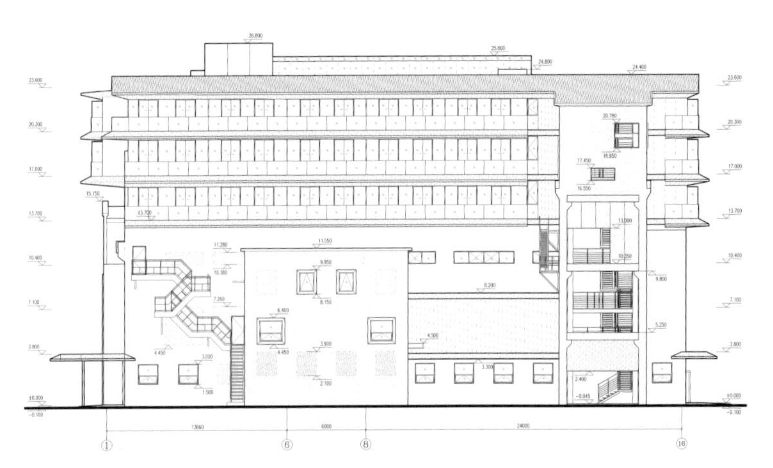

南立面 / South facade plan

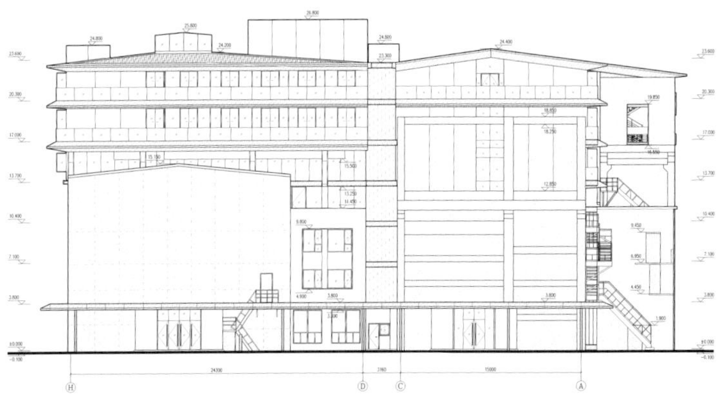

西立面 / West facade plan

中庭 / Atrium

大堂吧 / Interior view of the lobby

利用返矿仓金属料斗改造的酒吧 / The metal hopper of the return silo was transformed into a bar room

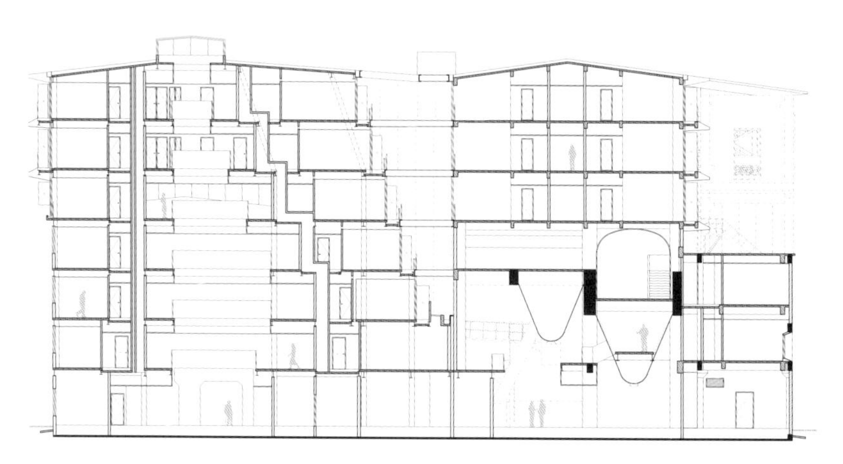

剖面图1-1 / Section 1-1

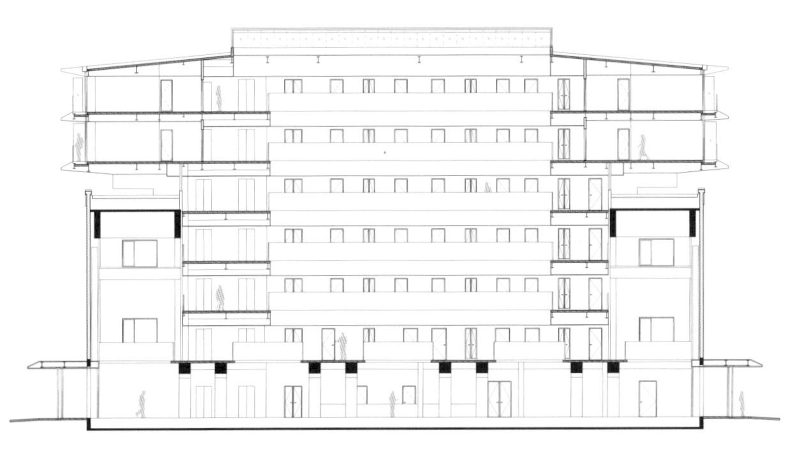

剖面图2-2 / Section 2-2

餐厅 / Restaurant

餐厅 / Restaurant

南北区之间的中庭 / The atrium linking north and south buildings

客房走廊 / The corridor of guest rooms

从客房阳台眺望 / Viewing from the guest room's balcony

剖切

太原旅游职业
学院体育馆

SECTION

Taiyuan Tourism
College Sports Hall

立面真实表达了建筑内部空间的秩序与功能，从形态上直接展现建筑师对建筑功能、人群活动的理解，强化了建筑形象的识别性，推动使用者认清场所，促进互动。

The building facades directly show not only the order and functions of the interior space, but also the architect's understanding of users' behaviors and activities, and related programming. The architectural design should create a strong image and identity, and facilitate interactions between users.

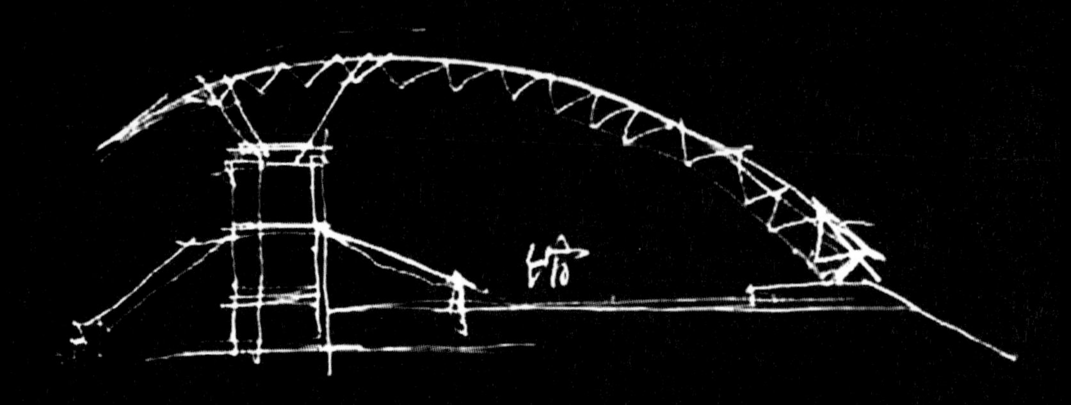

草图 © 崔愷 / Conceptual drawing © Kai CUI

菱形檐口 / Diamond-shape roof

剖面模型图 / Section model

太原旅游职业学院体育馆是第二届全国青年运动会排球项目的决赛场馆，位于太原旅游职业学院校园东北部。体育馆东侧面向城市干道大昌路，南向面向学校入口广场，西侧为标准400米跑道运动场，北为校内空地。

本项目是国家乙级体育馆，地上功能为比赛大厅、观众前厅、赛事功能用房和机房。比赛大厅设置固定看台座席636个，活动看台座席960个，临时看台座席432个，无障碍座席14个，媒体区座席41个，合计2083个。地下功能为设备机房和汽车库（车库兼做人防工程）。整个项目从设计到竣工，用时不到两年，在承办第二届全国青年运动会排球项目比赛之后，转为学校体育馆供日常使用，并面向市民开放。

该场馆被构想为一个简洁真实的剖面建筑，建筑整体就是一个大空间，为后期弹性利用提供了可能。主厅内的比赛场地和训练场地共享同一个大空间，屋顶、结构、装饰采用了最简单、明确、有效的形式，力求展现建筑本身的结构美。可拆除的临时性吸声轻质屏障、赛时管制范围的设计避免了各区域间的互相打扰。各类遮光帘、活动座椅、场地胶垫、可吊挂舞台灯光设施等的共同作用，使3000余平方米的贯通场地可满足11种场地布置需求，以供师生们复合利用，这也是体育建筑的最新发展趋势。

建筑的屋面采用拱形坡顶形式，由12跨菱形檐口的桁架支撑，定位面全部为圆柱面或者圆锥面，无样条曲面，这为之后嵌板的划分创造了极大便利。

从校园主楼西南俯瞰 / Southwest view of the college main building

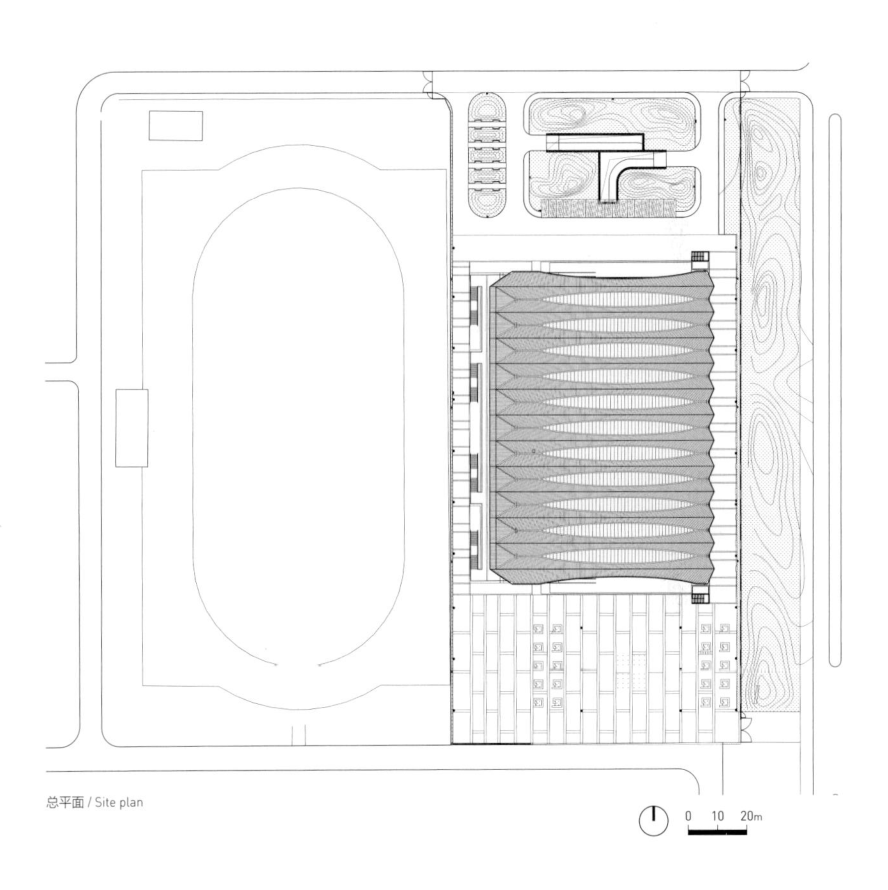

总平面 / Site plan

体育馆如何兼顾赛时赛后综合利用?

在新时期竞技体育转向大众体育的背景下，经过统筹考虑此馆总体需要满足多方面的要求。第一，满足全国青年运动会的赛事要求，例如满足标准的比赛馆、训练馆及辅助用房，以及运动员、裁判、媒体、观众等多条流线的分离。第二，满足学校对于体育馆的健身、教学、展示、晚会等多功能使用的具体要求，甚至要求叉车可以开进场馆以作为教学演示。第三，在校园体育场馆对社会开放的大背景下，体育馆要方便临时分区，以便对城市公众开放。

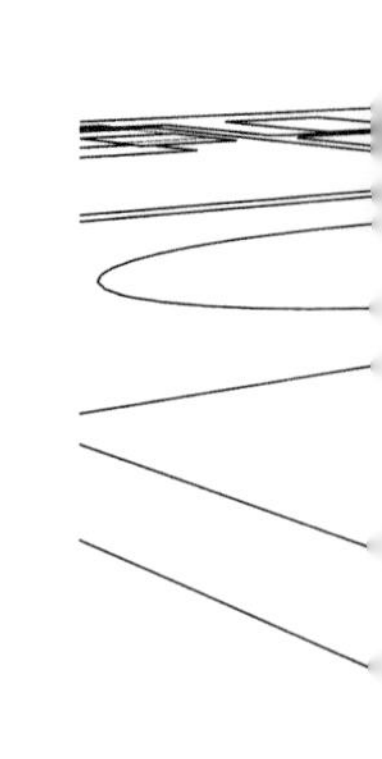

比赛馆、训练馆合一的大空间一体化利用，得以用有限的投入弹性转换来实现更多的效益，是本项目最大的设计策略。在此策略指引下，一榀榀屋架平行布置的建构方式奠定了空间灵活机动布置的根基；大厅中部设置一垛2.4米宽、中空的临时性吸声轻质屏障用以赛时分割比赛场地、训练场地，其吸声效果经过了声学验算，赛后可拆除；临时看台座席数量达到总座椅数量的三分之二，最大限度地扩充了场地空间。多项措施一同塑造了可满足11种场地布置方式的灵活完整大空间。

在上述策略外，围绕体育馆赛后利用，我们还做了多处考虑。例如：在征求国家体育总局相关专家的意见后，适当紧缩了辅助用房的面积规模，并参照学生浴室的使用要求，优化了运动员区的出入布置；办公房间均按转换为带有明窗的教职工办公室考虑。场馆大厅各个采光窗设置各类遮光帘满足比赛光照要求，以及日常使用要求。钢屋盖的东侧桁架预留灯光、音响荷载，赛后可设置临时舞台，将体育馆作为礼堂使用。首层的东西观众座椅均为可伸缩的活动座椅，相应位置底部为加强木地板，保证场地的灵活使用。

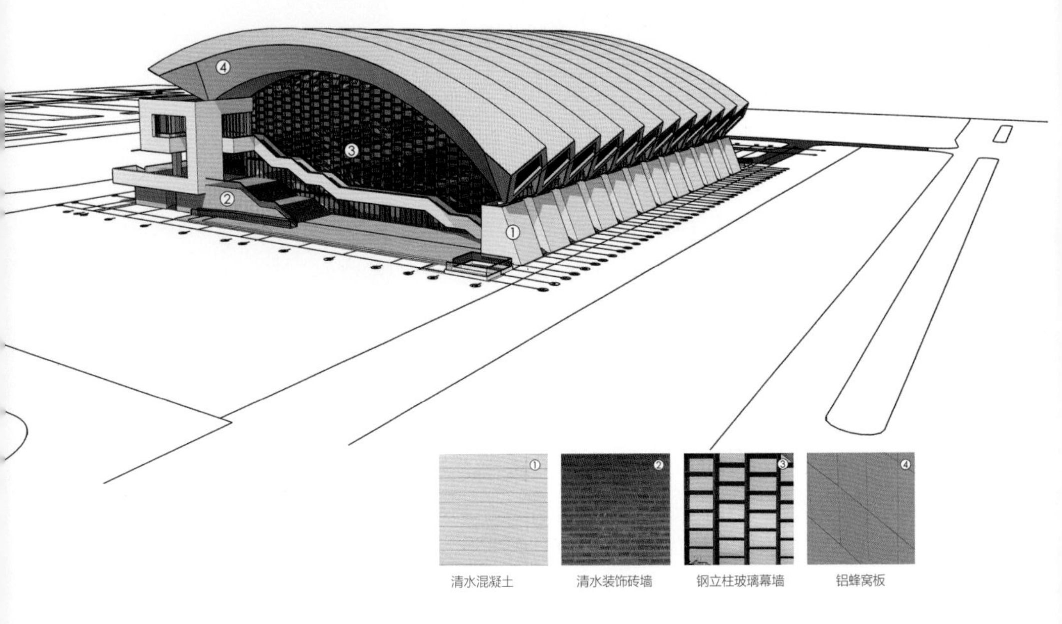

立面材料分析图 / Material selection of facades

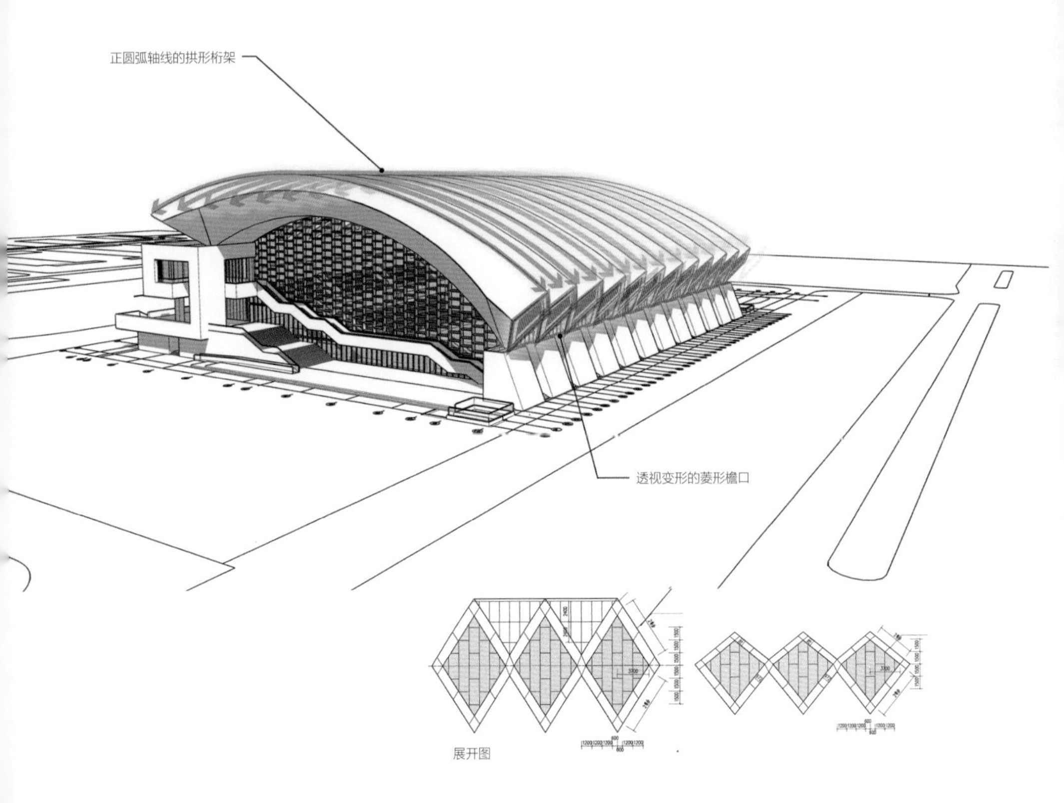

屋顶形态分析图 / The details of the metal roof

体育馆如何展现山西厚重的地域性格？

十二组钢结构单元并列布置成拱形坡屋面，远处可看到曲折律动的效果。檐口收束为传统纹样中常见的菱形，在人点透视角度进行了一定的形状调整，结合细腻的夜景亮化设计更显宏伟大气。

拱形屋面下，采用清水混凝土浇筑的支撑墙体断面呈方正的九字形，下部为红色清水装饰砖墙，为清水混凝土建筑灰色的主色增添了温暖的活力，突显了体育馆的性格。集多种功能于一体的基座与拱形的屋面相结合，使建筑既具有几何阵列构成的韵律，又展现出体育建筑的动势。

场馆内的室内部分作为体育建筑空间内的第一层室内空间，这类空间主要承担了反映整体建筑形象、聚散人员的作用。室内空间中延续建筑原始清水混凝土的材质特征，利用仿清水混凝土涂料进行室内界面的修饰，达到建筑内外一体化的视觉效果。在主要的场馆入口的部位采用色彩涂料进行提示性的空间设计，便于人员的进出，彰显运动特征的同时也烘托了建筑整体的厚重神韵。

主入口 / Main entrance

体育馆采取何种结构体系，以达到缩短工期、节省造价的目标？

体育馆基于榀形体系概念，采用了框架剪力墙支承的钢结构屋盖结构体系，贯彻剖面建筑的构想。

建筑整体就是一个大空间，屋顶采用最简单有效的拱形钢结构轻屋盖，来表达建筑本身的结构美，表面采用直立锁边、铝单板、穿孔板、铝方通等简单截面的构件装配施工，避免过多的装饰，同时加快了施工速度。

混凝土主体结构外露的室外巨柱、墙面、顶棚、看台栏板、平台栏板，均采用清水混凝土浇筑，既表达了质朴的建筑效果，又节约了装饰材料的成本、缩短了工期。240毫米、360毫米间距凹槽装饰的清水混凝土，可近看亦可远观，层次丰富，做工精致，与钢结构金属屋面的驰骋气势相得益彰，共同表现体育建筑的结构美和形式美之统一。

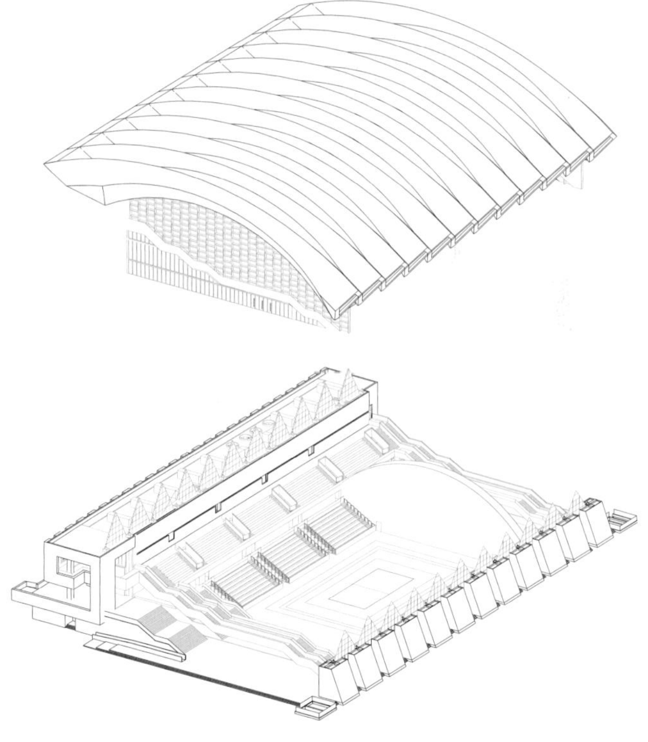

轴测图 / The axonometric drawing

南立面局部 / South facade details

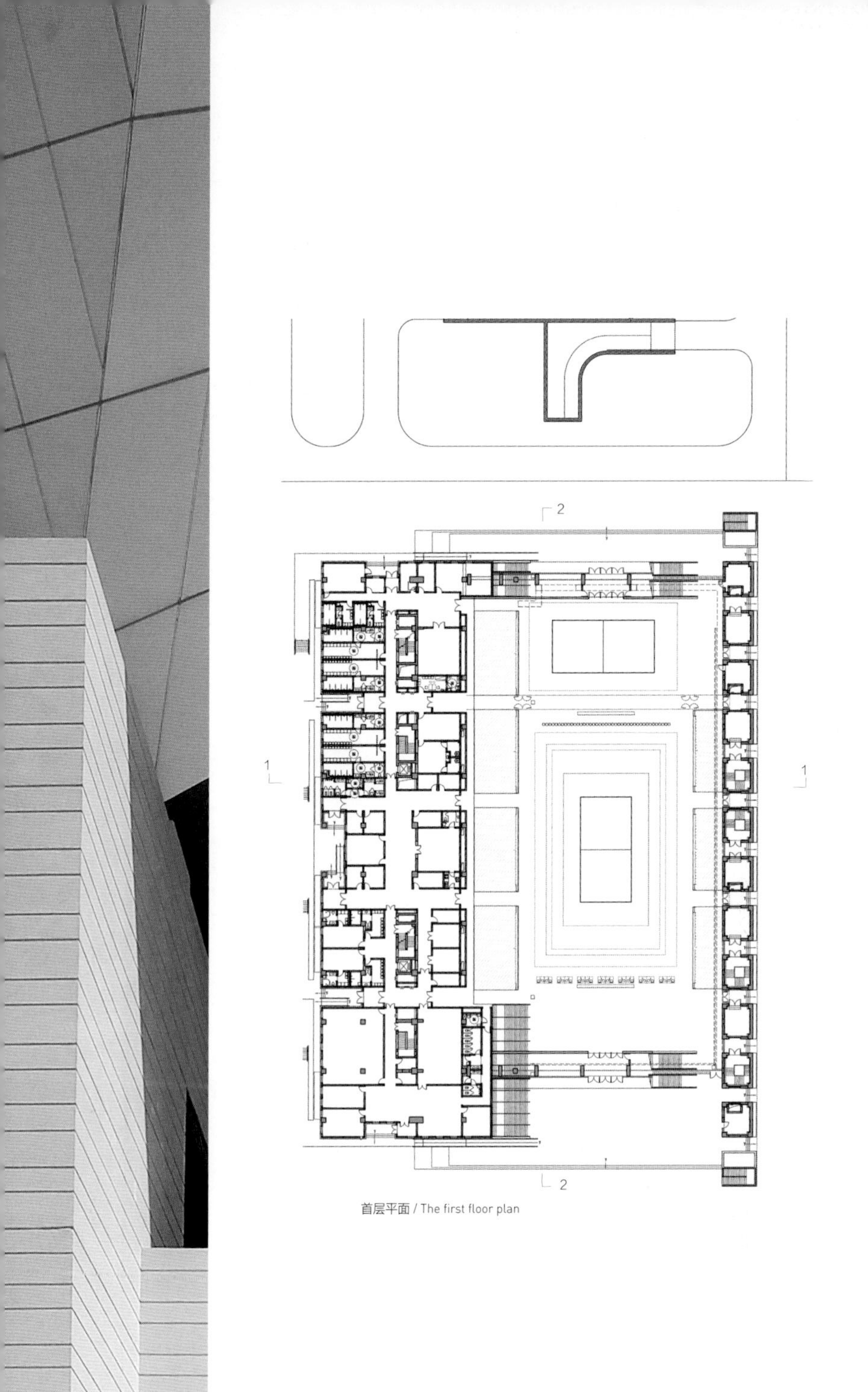

首层平面 / The first floor plan

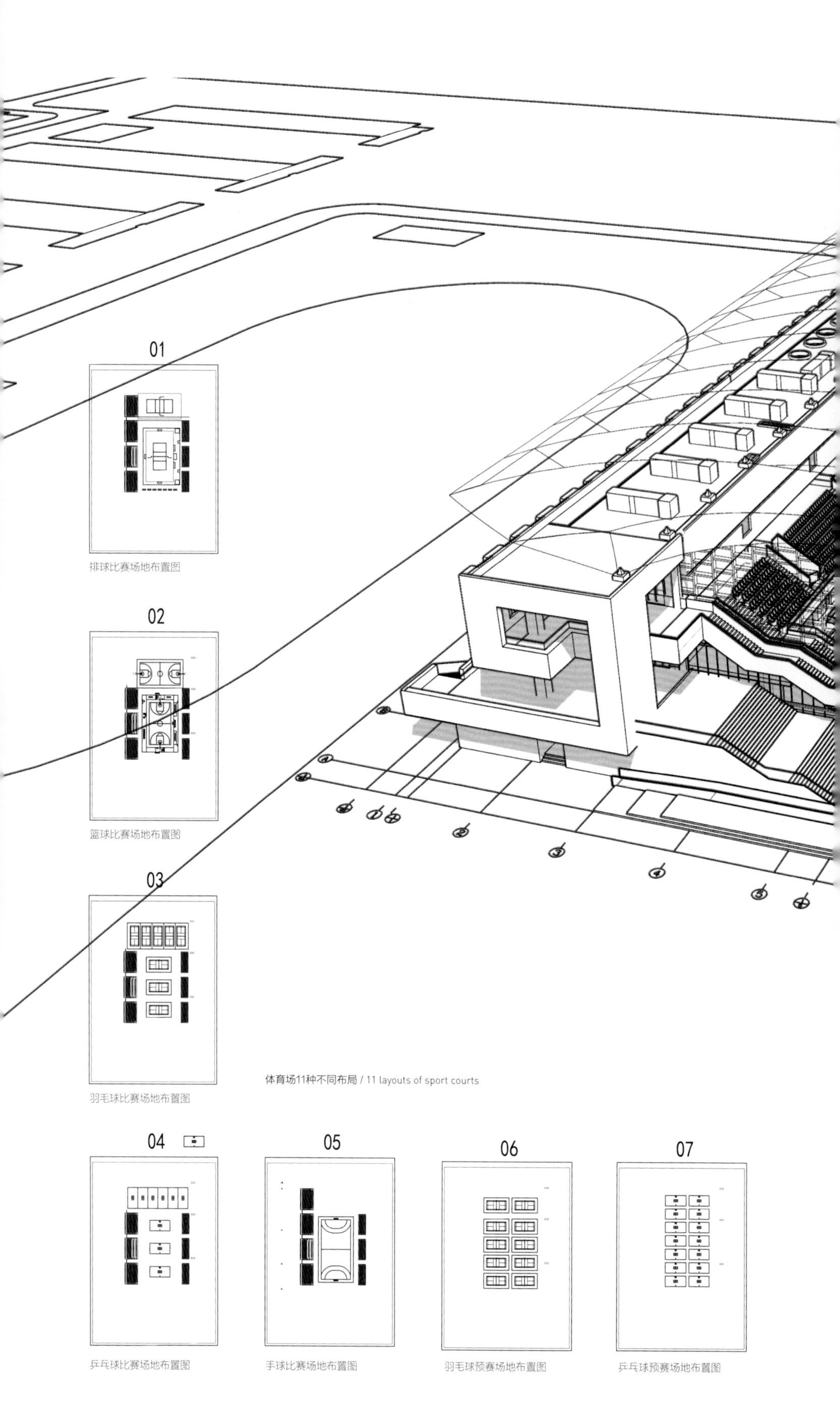

体育场11种不同布局 / 11 layouts of sport courts

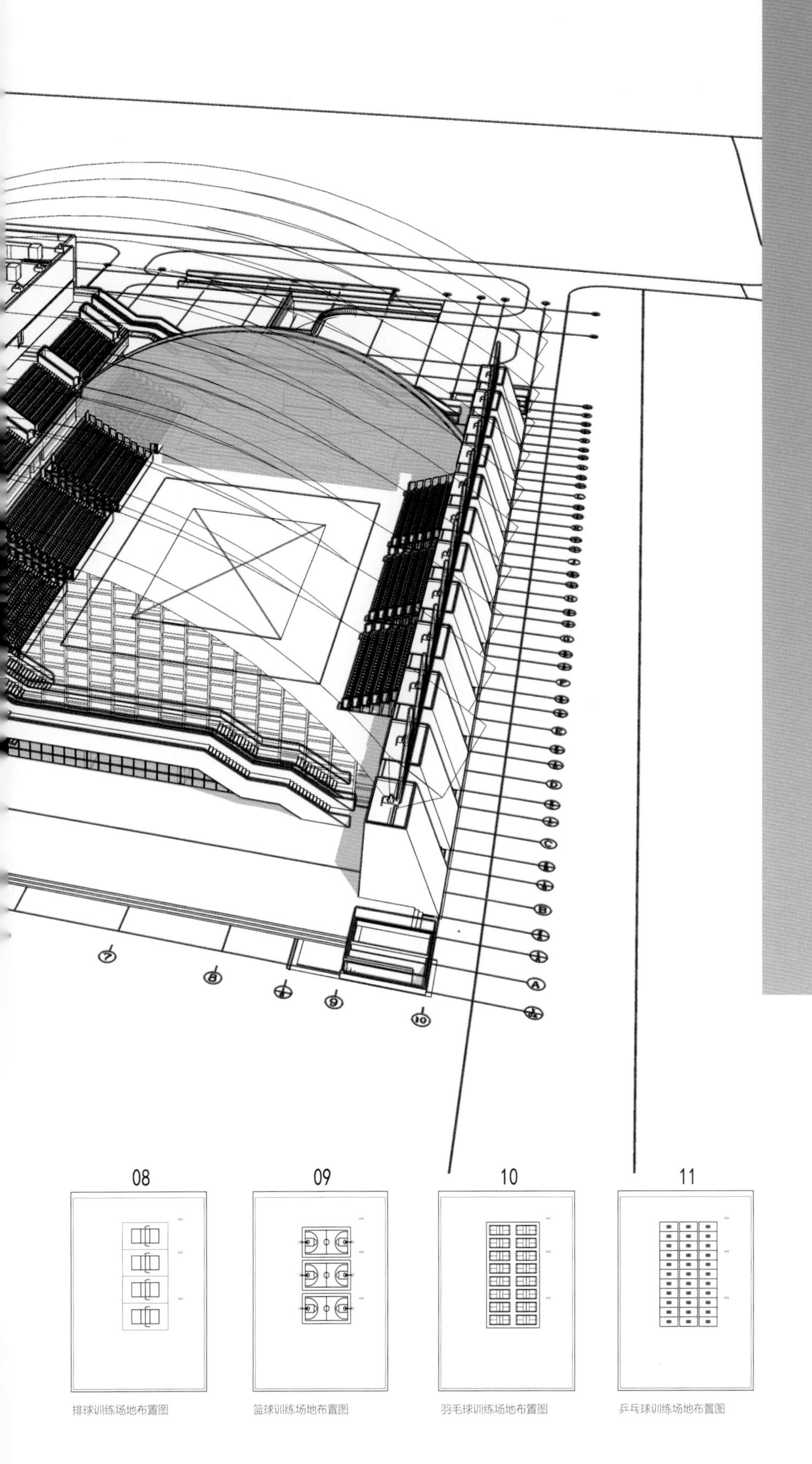

排球训练场地布置图

篮球训练场地布置图

羽毛球训练场地布置图

乒乓球训练场地布置图

西立面檐口 / Roof in the west facade

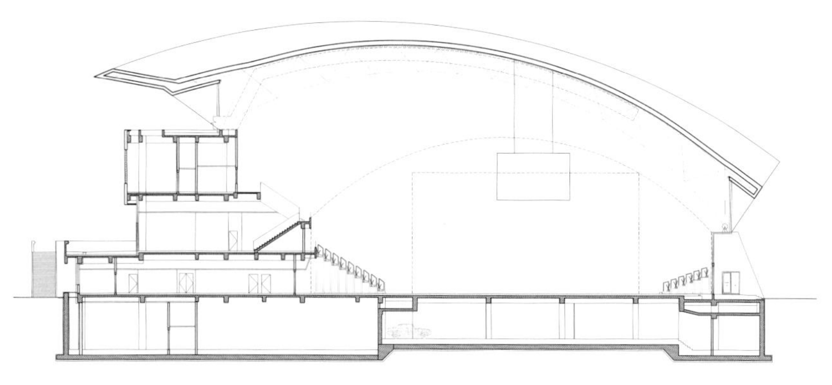

剖面图 1-1 / Section 1-1

西立面局部 / West facade detail

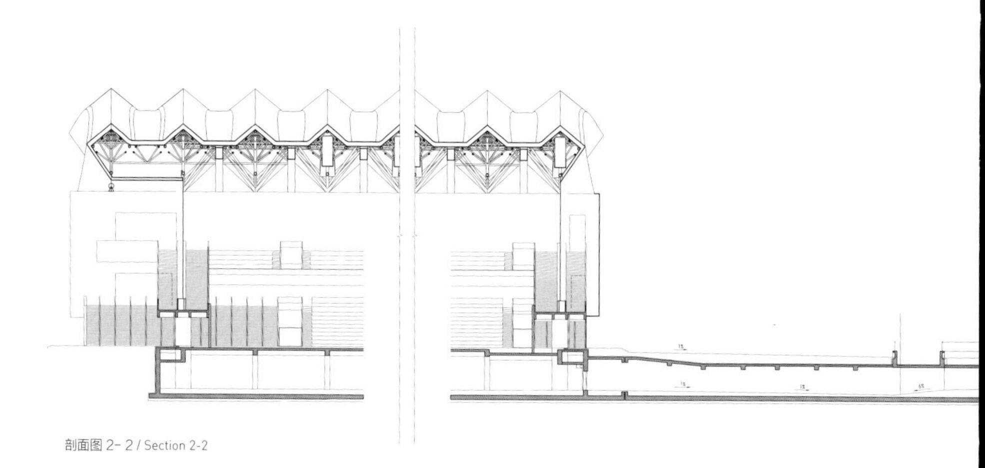

剖面图 2- 2 / Section 2-2

东立面 / East facade

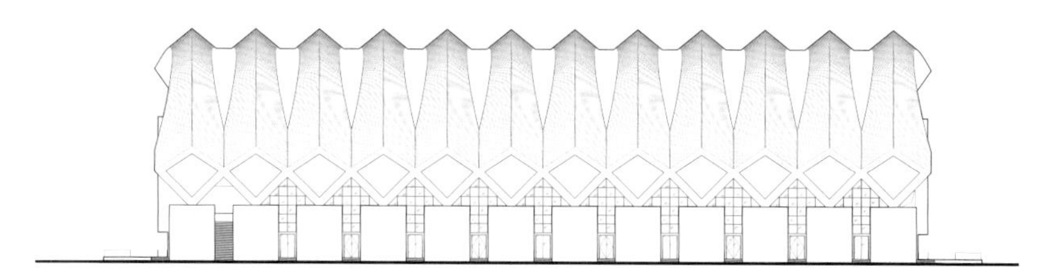

东立面 / East facade plan

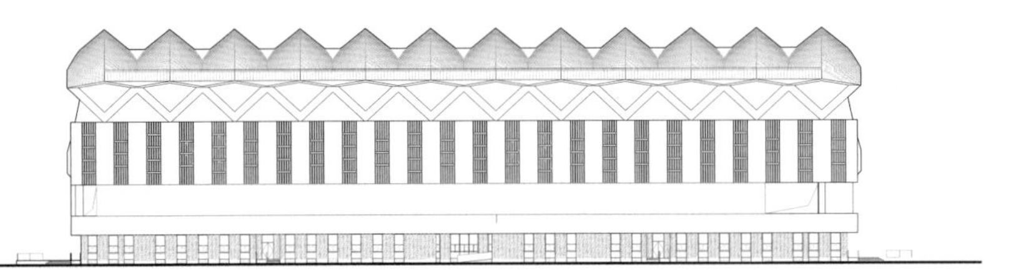

西立面 / West facade plan

东立面夜景 / Night view of east facade

西立面 / West facade plan

AM

体育馆室内 / Interior view

体育馆集散厅 / Distribution Hall

转译

2018年第十二届
中国（南宁）
国际园林博览会建筑群

TRANSLATION

2018 International Garden
Expo of China (Nanning)

动态演进的乡土聚落蕴含着丰富的历史信息和文化景观，是地方农耕文明留下的遗产，也是一代代居民生产、生活历程的物质记录。在创作中，设计秉承本土设计价值观，尊重当地的风土人情善意地对待这片土地上的一草一木，运用当地材料、适用技术和传统自然智慧，建构起自然地域中的建筑与建筑中的自然。

Rural settlements, with their dynamic evolution over thousands of years, hold a wealth of history as cultural landscapes—These settlements are the legacy of Agricultural Civilization, manifesting the modes of production and the lifestyles of generations of residents. Designers need to respect local design values and carefully treat the grasses, trees, and folkways of the land by utilizing local materials and techniques, and the traditional wisdom of nature, so as to harmonize the architecture with its surrounding natural setting.

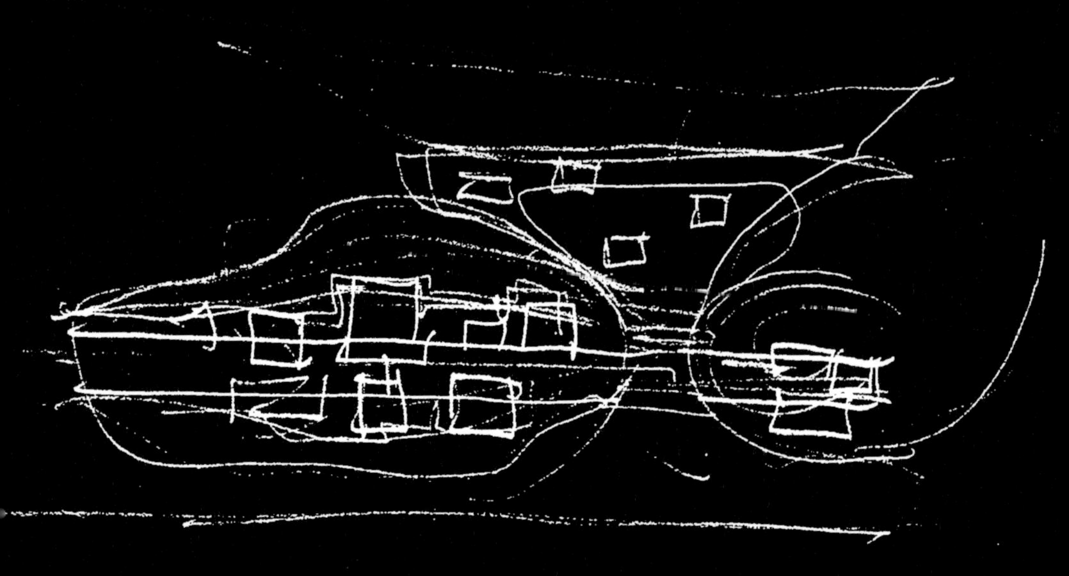

园林艺术馆草图 © 崔愷 / Conceptual drawings © Kai CUI

第12届中国（南宁）国际园林博览会会场鸟瞰 / Bird's eyes view of 2018 International Garden Expo of China (Nanning)

广西地区典型的山水景观 / Typical landscape in Guangxi

广西处于云贵高原的东南边缘，两广丘陵的西部。广西地区山地丘陵众多，喀斯特地貌明显，山形秀丽；气候湿润温暖，植被良好；河流众多，河网密布。在这样特殊地理环境下，人们通过对自然气候环境的适应，创造和呈现出不同于其他地区的独特的空间组织形式。在开始设计之前，项目团队的设计师与我院历史所王力军所长、吕文杰建筑师针对广西地区朴素的生活环境开展了为期两个月的调研，挖掘、提炼地域特征元素，理解地域文化是如何形成的。园林艺术馆最终还作为示范工程被纳入了清华大学庄惟敏院士主持的国家重点研发计划——绿色建筑及建筑工业化重点专项“基于多元文化的西部地域绿色建筑模式与技术体系”项目（2017YFC0702400）子课题“西部典型地域特征绿色建筑工程示范与设计工具”（2017YFC0702405）。

在历史上，广西远离中央政府，皇权、宗教等礼教因素的影响较小。在生态、生产、生活等各个方面积淀了自身特色及智慧，创造出了极富特色的乡土建筑与人居文化。

基于对广西十几个原生村落的实地调研，总体而言，广西地区丘陵众多，建筑没有特定的朝向。聚落大多因地制宜地与山形地貌融合在一起。建筑采用多种手法与山形结合，实现对土地的最大化利用，同时也展现出丰富多彩的建构关系。层叠的屋檐和起伏的山势相呼应，是最能代表广西民居的元素。瓦、木、夯土、石材是广西地区少数民族民居中被广泛运用的材料。广西地区山地丘陵纵横，机械操作困难，因此建筑的构建都极为轻巧，就地取材，多为一两人就能搬动的细杆树，很少用到大的构件。穿斗式是一种古老的木结构做法，在广西干栏建筑中被广泛应用。又因为该地区雨水丰沛，壮族的风雨桥成为这一地区的代表性建筑形式之一，此类桥廊皆以木凿榫衔接，架构严谨、造型独特。在我们设计师看来，干栏建筑骨感的结构极具现代性，富有抽象美感与力量感。

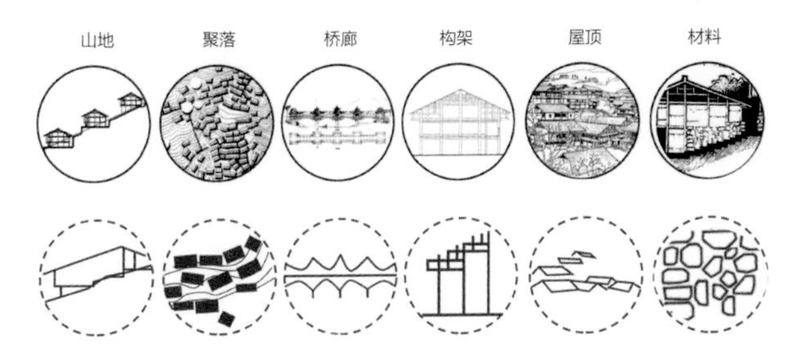

本土建筑特色分析 / Analysis of local architectural characteristics

我们从“本土设计”的理念出发，在继承广西地方建筑特色的基础上进行建筑形态的演绎和解构，形成植根于广西地域的建筑特色。将广西地方建筑特色提炼出一系列代表性的主题——“山地”“聚落”“廊桥”“构架”“屋顶”“材料”等。在如此大尺度的公园中使所有建筑形成一个整体的同时，每个建筑又各具主题。

聚落：园林艺术馆

园林艺术馆面积约2.56万平方米，是整个园区体量最大的建筑。我们希望整个建筑消隐体量，融入自然；在保留两侧山体的前提下，在场地中部下挖开槽，将建筑嵌入大地；同时打开部分面向山体的界面，使之成为自然山地中嵌入的展园。聚落化的建筑体量散布于山体之中，构成不同的院落空间，不仅让展览融入自然，而且为会后的使用提供了多样的可能性。内部空间的穿插交融营造出园林艺术“曲径通幽”的意境。

由树状结构支撑的穹顶覆盖在聚落式的展览空间之上，勾勒出山形走势，整个建筑形成一种半覆土、半包裹的形态，立体屋盖将主体建筑包裹其中，为建筑主要交通空间——内街——提供了舒适宜人的环境。屋盖部分考虑建筑体型复杂、平面尺寸巨大、竖向构件间距较大等特点，选用钢结构体系，有效提升了材料利用效率及可循环利用比例。同时，广西地区的太阳能资源非常充沛，钢结构之上覆盖有格栅和光伏发电系统。

这个半开放的建筑轻巧地镶嵌在大地之上，自然与建筑紧密地融合在一起，内外景观相互渗透。大量的屋顶花园、庭院花园、垂直绿化穿插在建筑内部的“聚落”之中。核心的街巷空间形成一条绿色的流动之河。垂直绿墙围合而成的“天井”处，三角形的天窗可以开合，下部为水池，可起调节微气候的作用，游客可以在此处感受风雨，仰望星空。

廊桥：东盟馆

东盟馆是东南亚国家联盟10个成员国—— 马来西亚、印度尼西亚、泰国、菲律宾、新加坡、文莱、越南、老挝、缅甸和柬埔寨—— 的联合展示空间。东盟馆以“桥”作为主题，根据场地环境，一座环形的廊桥驾于两山之间。廊桥之上，十个展馆“手拉手”，象征十国的联盟。

东盟馆的外层是轻巧的钢结构，钢材被赋予了木材的色彩，其间布设木百叶，在遮阳防雨的同时，也可以满足自然采光与通风。室内外交替，空间感受上也展现出了浓郁的东南亚风情。顶部的张拉膜上印有各国国花，行走其间，就如同漫步在东南亚国家的园林之中。会后的东盟馆成为极具东盟特色的酒吧不夜廊桥。

榕树下：赛歌台

广西本土有着丰富的对歌和传统节日演出文化，大部分歌舞表演都是在开放的、自然的环境中进行，尤其是在极具地域特色的大榕树下，以自然为背景，物我相融，充分体现了当地居民朴素的自然观。我们希望能打破“演艺中心一定是剧院”的刻板思维，将赛歌台设计为一个开放式的表演中心。其依水而建，以山水为舞台背景，满足园博园开幕实景演出、民间赛歌表演、传统节日演出和综合服务等功能。

建筑的屋顶由如同生长在土地上的大榕树的树状结构柱支撑，屋顶的三角形的几何分格，并形成上下凹凸的椎体，屋架遮阳金属格栅和阳光板，虚实结合，仿佛是大榕树的树冠。看台下面建筑及地面缓坡景观采用当地本土的石材砌筑。虽然露天剧场的声学效果不及室内剧场，但这种原生态的演出方式与当地传统契合，也适应在展会结束之后当地群众对这一空间的利用。

密檐：清泉阁

阁楼在中国园林中一直占有一席之地，往往是一个园林中重要的视觉焦点。但无论传统观光塔还是现代观光塔，由于结构、技术等因素，通常采用了“下大上小”的形态。这种形态保证了结构的稳定性；同时由于过去缺乏电梯等垂直交通设备，顶层观光人数较少，这虽符合当时的时代特征，但也牺牲了高层优秀的观光视野——顶层的观光空间十分有限，大量的游客被滞留在首层。

清泉阁设计原型来源于广西独特的鼓楼。设计希望结合现代技术，塑造“下小上大”的观光塔造型，这样顶层的观光空间大大增加，结合电梯等垂直升降设备，观众既可以在大厅中休憩、游览，又可以快速方便地到达顶层观光空间。通过对建筑形体的扭转，清泉阁塑造出具有时代感的造型，并且让观众在登高的过程中观景视野逐渐变宽，体会到不同的空间变化。

园林艺术馆与周边山水环境的关系 / The relationship between the garden art gallery and the surrounding landscape

园林艺术馆模型 / The garden art gallery model

园林艺术馆入口 / Entrance of the garden art gallery

城市建设发展主题展

园林艺术馆总平面 / The garden art gallery site plan

钢结构“天幕”覆盖下的展示空间 /
Exhibition space covered by the steel structure canopy

园林艺术馆如何结合具体环境，创造富有特色、便于展期使用和会后运营的展示场馆？

园林艺术馆用地内有两座小山丘，为减小建筑对园区自然环境的压迫，将建筑融入自然，设计将山体开槽，一层展厅整体嵌入其中，中部形成内街，兼作消防车道，满足消防需求。两山间的山坳作为半室外停车库，与城市道路直接连通。建筑二层将展厅打散为不同体量，散布于山坡之上。利用环境特点，打破仅限于室内展览的展示方式，将东西两侧的山坡作为展园，让展示空间向自然延伸，形成了“一馆对一园”的展览方式。同时，展园也成为“人工”的展厅与“自然”的山坡之间的半自然化过渡。展厅的空间尺度考虑了会后灵活转化的可能性，会后可根据具体需要改造，融合酒店、公共服务、文创商业等功能。

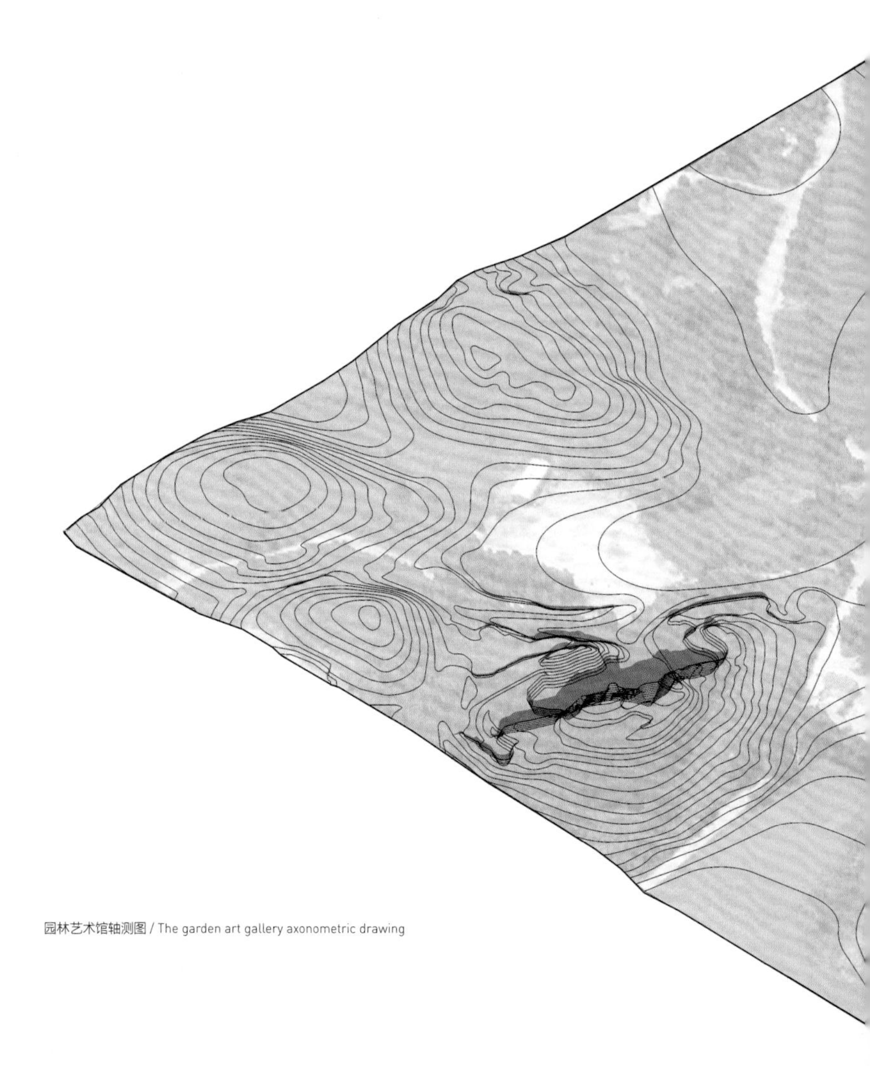

园林艺术馆轴测图 / The garden art gallery axonometric drawing

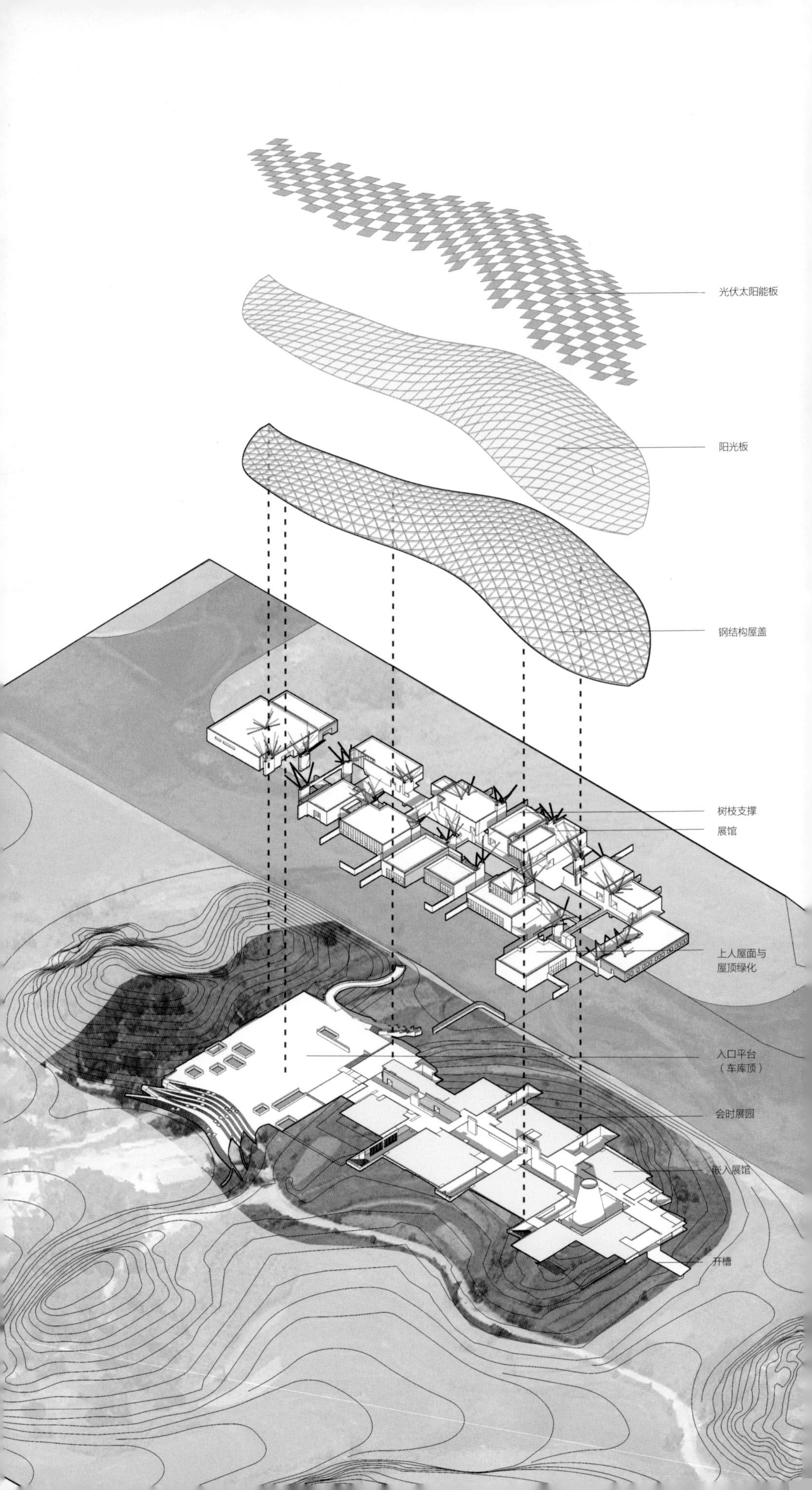
光伏太阳能板
阳光板
钢结构屋盖
树枝支撑
展馆
上人屋面与
屋顶绿化
入口平台
（车库顶）
会时展园
嵌入展馆
开槽

园林艺术馆中的下沉内街 / Sunken street in the garden art gallery

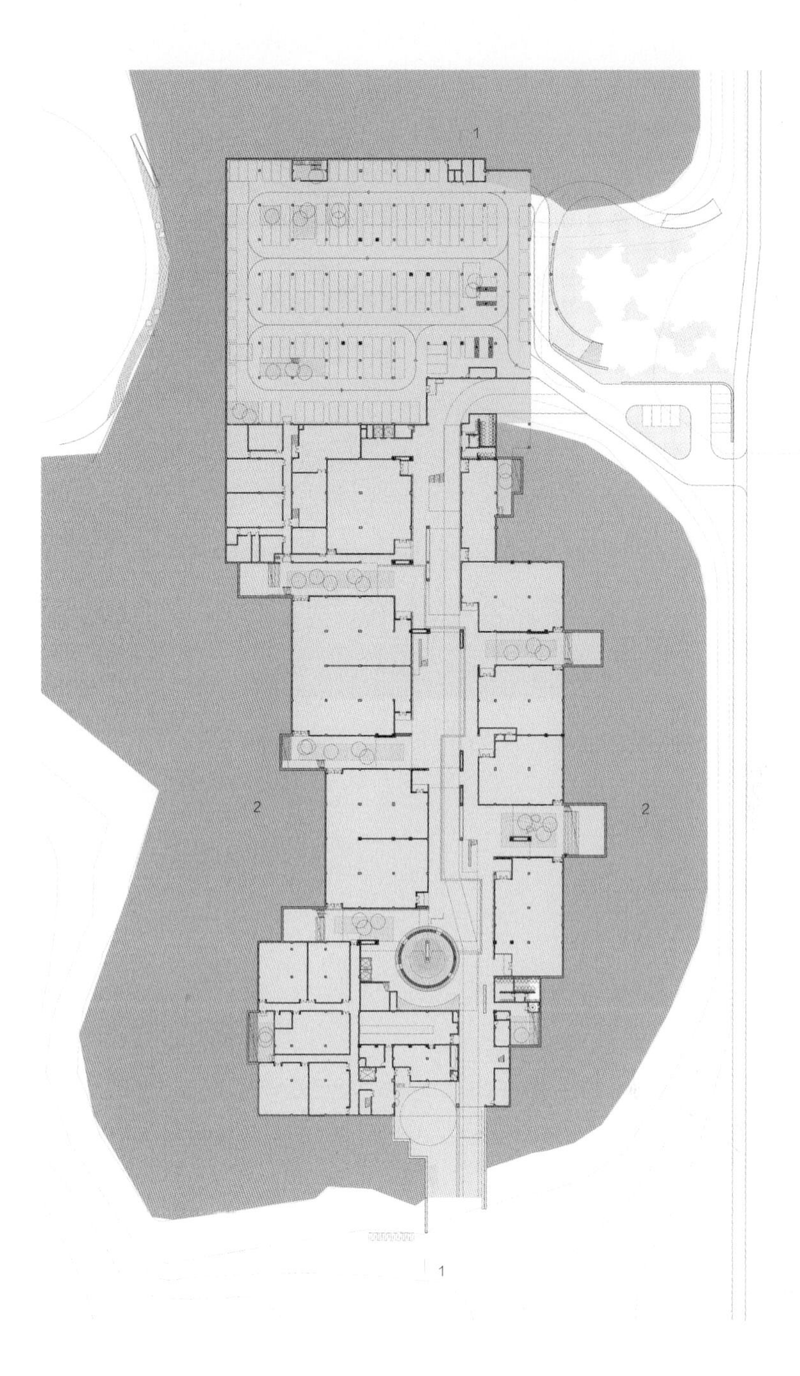

园林艺术馆首层平面 / The first floor plan of the garden art gallery

二层展览空间 / Exhibition space on the second floor

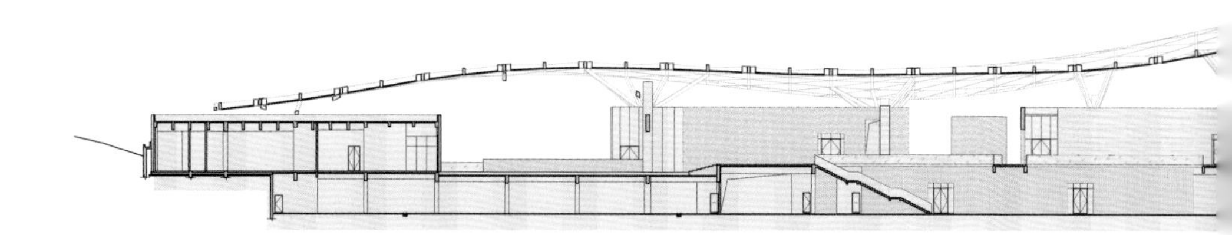

园林艺术馆剖面图1-1 / Section 1-1 of the garden art gallery

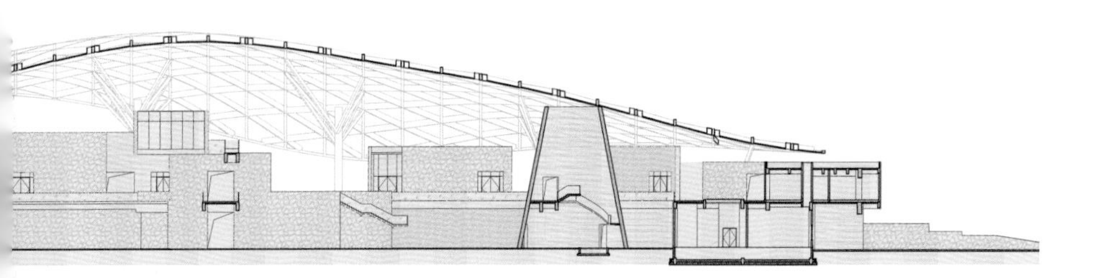

园林艺术馆如何结合广西地域文化与气候特征，转译成具有特色的建筑文化？

“聚落”不仅是一种传承地方建筑特色的空间组织方式，更是一种适应当地气候的展览空间组织模式。一方面，将大的展览空间划分为更多的小空间，按照聚落的方式组织起来，有利于不同主题展览的展开，创造出更丰富的空间体验。“聚落”中形成“街道”“小巷”“广场”“院落”“坡坎”“沟渠”“连桥”等空间意向。另一方面，不同于以往“大空间套小空间”的大、中型展览建筑空间组织模式，设计结合南宁的自然气候条件，将展览空间打散，转译地方传统村落的空间形式，聚落化地布置展览空间。顶部覆盖延续山形的钢结构“天幕”，解决遮阳避雨的问题。将串联展厅的联系空间、公共休息空间设置在“天幕”下的灰空间中，成为阴凉舒适且不需要空调的室外大厅，从而最大程度地降低空间能耗。

建筑外墙主要采用了四种材料——石笼、夯土、毛石、木色格栅。作为园博会中的建筑，设计希望尽量采用自然本土材料来呈现建筑的表情与质感。一方面，从地方传统建筑中提取并转译有特色的建筑材料——夯土、毛石、木、砖、瓦等；另一方面，结合园区建造过程中产生的碎石、红土等“废料”，经过设计表达，成为重要的建筑外立面材料。

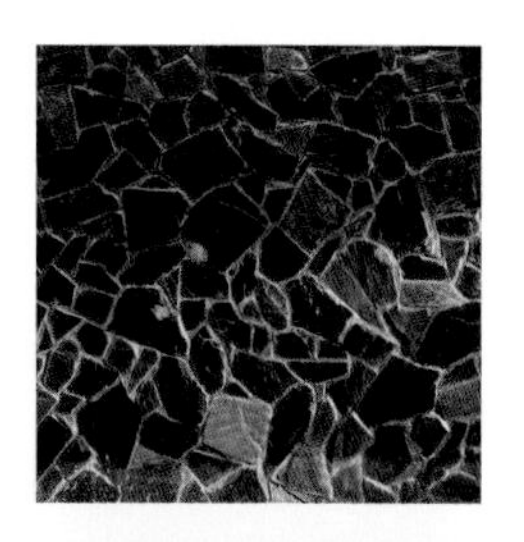

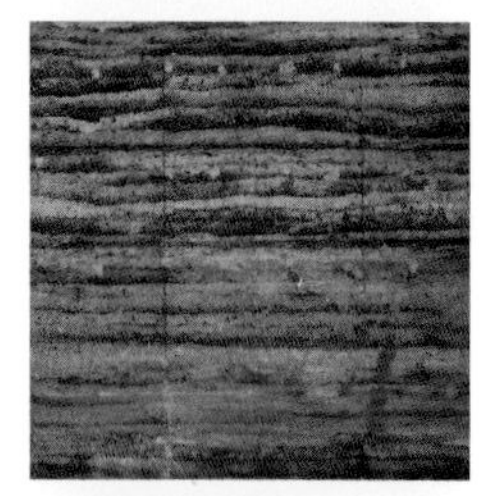

立面材料 / Facade materials

地方材料重构 / Local materials combination

石笼立面 / Gabion facades

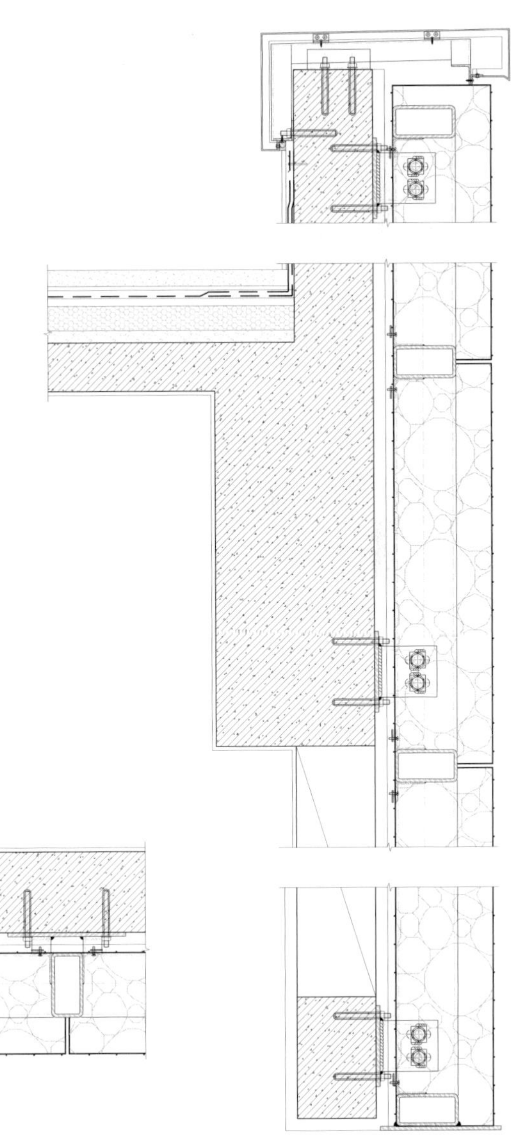

石笼构造详图 / Details of the gabion structure

地方材料重构 / Reconstruction of local materials

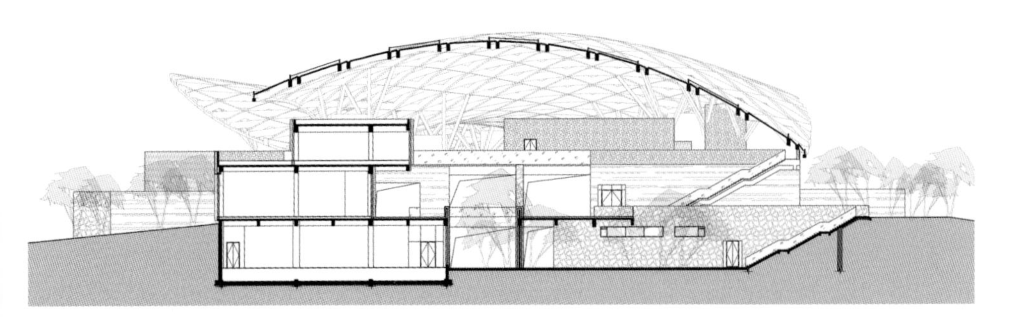

园林艺术馆剖面图2-2 / Section 2-2 of the garden art gallery

基于建筑整体的空间策略，如何从多个维度实现建筑空间的节能与舒适？

在聚落化的空间策略下，展厅采取灵活的多联机空调系统。车库、内街等半室外空间通过空间组织，保证空间舒适性。同时，大量原生原料的使用，使得建筑多了一层保温隔热的“皮肤”，日晒时阻隔、吸收太阳热量，晚间将其释放出来，可以平衡温差，提高空间舒适性。园林艺术馆结合下沉边庭、内街水渠、景观圆筒、流线型天幕等空间设计要素，形成气流廊道，共同营造区域微气候。天幕结合遮阳、通风、避雨、绿色能源等需求进行一体化设计。双曲面天幕造型顺应周边场地山势，同时结合区域风环境设计，夏季能够引导下部空间形成良好的自然通风。天幕围护材料为防紫外线高透阳光板，其本身具有一定遮阳效能，同时为下部空间提供充足的自然光，并利用钢结构网格与阳光板结构檩条的厚度起到一定的遮阳作用。天幕上部设有528块光伏发电组件，组成22个菱形单元，总装机容量71.28千瓦，为建筑提供清洁能源，也起到外遮阳的效果。在下部斜柱支撑天幕处，还设置有随机分隔的遮阳格栅，模拟树冠与树荫的意向。游客行走在天幕下的街巷中，仿佛置身于巨大树荫下的聚落，舒适惬意。

在南方的多雨之地，避雨、排水的设计尤为重要。设计吸取地方民居的古老经验，将天幕按东西向划分成排水单元，每个单元分别向东西两侧汇水，仿佛一个个放大的瓦垄，避免大量雨水的集中。雨水沿天幕周边均匀排放，汇入建筑两侧展园，或形成水景，或用于灌溉植被，或渗入山体以补充周边地下水。

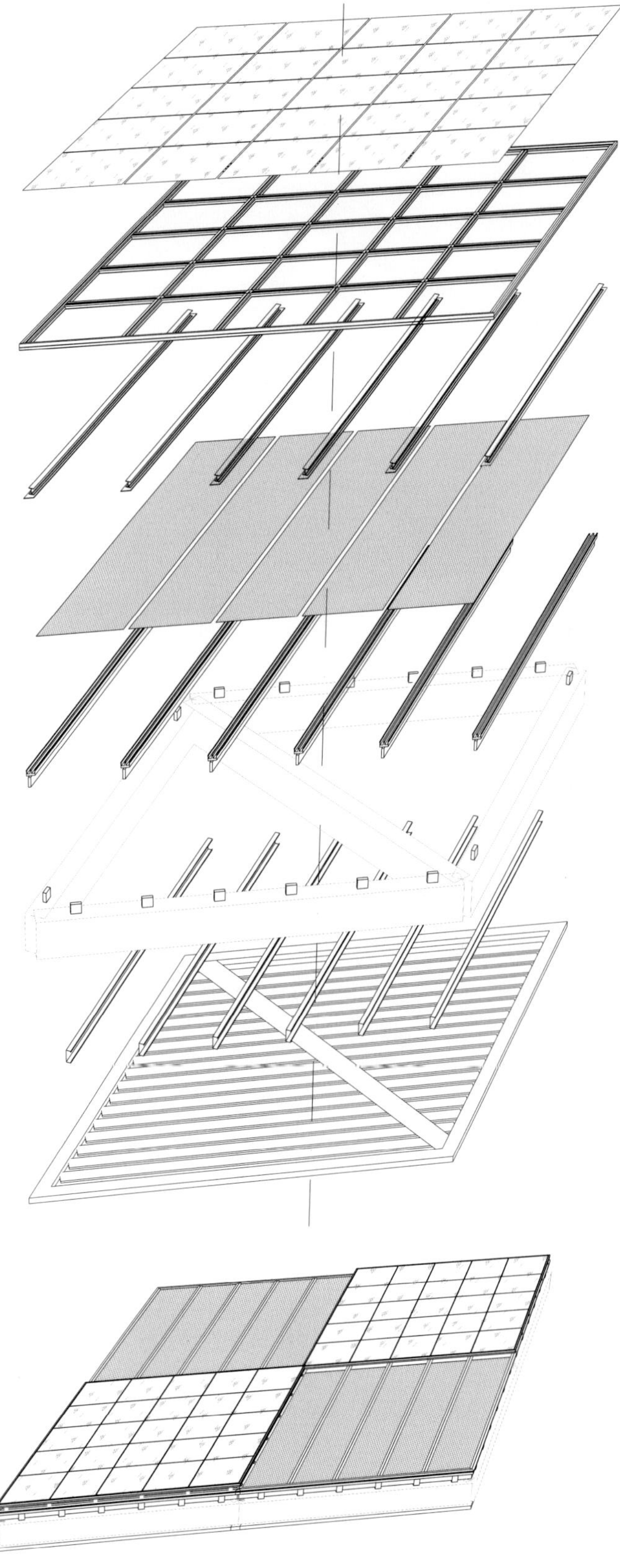

园林艺术馆天幕单元构造详图 / The structure of the canopy unit of the garden art gallery

天幕整合了遮阳、通风、避雨、绿色能源等需求 / The canopy integrates the needs of shading, ventilation, rain shelter, and green energy

东盟馆鸟瞰 / Bird's eyes view of ASEAN Pavilion

东盟馆及水上倒影 / ASEAN Pavilion and its reflection in the water

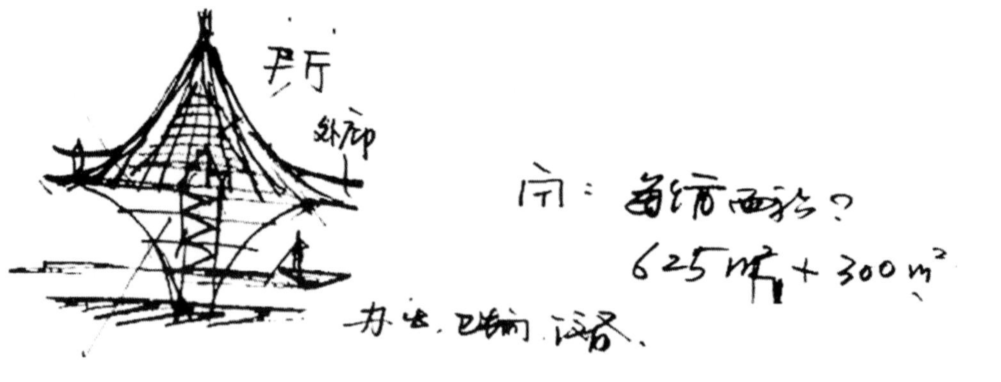

东盟馆概念草图 © 崔愷 / Conceptual drawing of ASEAN Pavilion © Kai CUI

东盟馆如何在展示东盟十国园艺文化的同时，表达出广西的地域特色？

东盟的联系和团结就如同广西独特的风雨廊桥，那一个个桥廊亭是传统形式的现代转译与抽象提炼。十个桥亭呈半环形漂浮于水面，“手拉手，心连心”，形成了一座新时代的友谊桥、经贸桥。

展桥上十国展厅各对应一个单元体，可以保证各国展示的独立性，又能彼此联系。展厅按照英文首字母礼宾顺序顺时针排列，展厅屋顶悬挂帐篷状的膜结构，外表面喷绘各国特色花卉图案。各展厅遵循相同的空间模式，展示东盟十国特色的园林园艺及非物质文化遗产。

建筑形式以风雨桥为原形：采用上屋顶一中廊道一下桥墩的构型方式。屋顶和桥墩面积较小，中间人活动的廊道空间大，每个单体呈两头大中间小的梭形。每个单元体又分为两层，上层为东盟十国展厅，下层为办公室、卫生间和设备等辅助用房。

桥下视角 / The space under the bridge

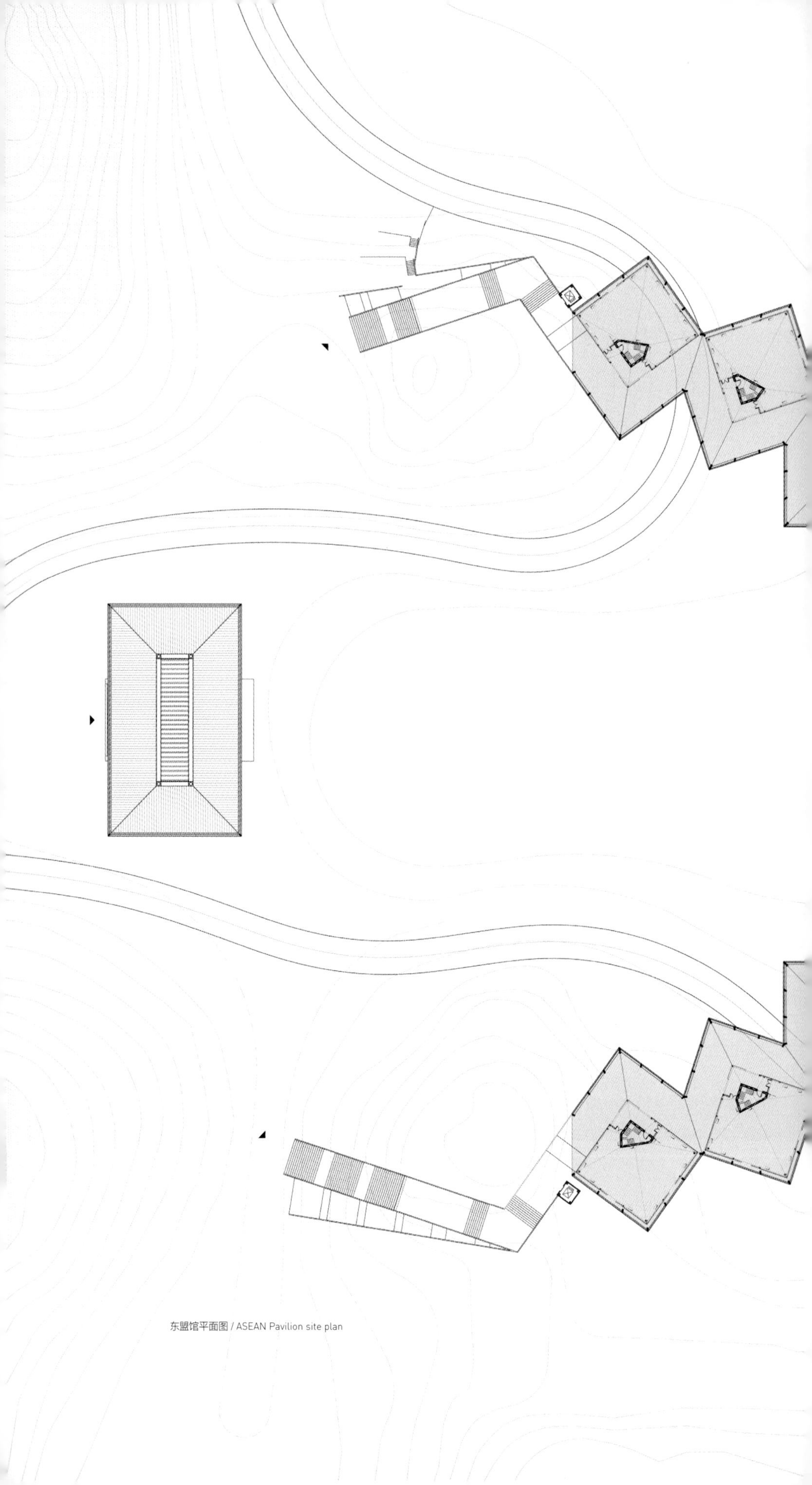
东盟馆平面图 / ASEAN Pavilion site plan

东盟馆模型图 / ASEAN Pavilion model

为适应亚热带地区的气候，东盟馆应该选择哪些生态技术？

东盟馆如传统的风雨廊桥般横跨于水面之上。夏季炎热时，水汽蒸腾，设计结合廊桥的遮阳措施，形成负压，促进空气对流，自然通风，使得整座廊桥都成为舒适的半室外空间。这正是朴素的人居智慧的延续。

建筑只有展厅部分采用空调制冷，其余为半室外空间，在实际运行过程中很好地降低了能耗。外廊被互相搭接的防雨百叶覆盖，遮阳防雨的同时实现自然采光通风。展厅为膜结构，直射的阳光经过百叶和张拉膜，变成适合展陈的漫反射光。

帐篷展厅室内 / Interior view of the gallery

2018

东盟馆轴测图 / ASEAN Pavilion axonometric drawing

如何用现代的结构技术实现对传统建筑文化的转译?

建筑采用单元化的钢结构体系，每个展厅均为三维的切角六边形，由6柱内框架及14柱外围框架组成，外围框架从基础顶部开始外斜至一层，在一层由钢梁将内外框架连接为整体，并设置钢筋混凝土楼面。一层之上，外框柱3.4米高度以下为直柱，3.4米高度以上内斜至顶部环梁，形成伞状屋面结构。为了保证钢梁内斜和外斜过程中的稳定性及整体性，设计配合建筑装饰条设置环向拉梁。

每个展厅的膜结构高13米，外表面喷绘各国特色花卉图案。喷绘先将三维张拉膜展开成24片平面膜，图案采用色块化和圆点化的方式，通过数十次圆点大小和间距的放样，获得理想的效果。

赛歌台观众席 / The auditorium of the performing area

赛歌台如何结合广西地域文化与气候特征，创造出独特观演体验？

广西是刘三姐的故乡，每一位歌者都曾在村头的大榕树下一展歌喉，互诉情谊。榕树下，遮阴避雨，通风纳凉。赛歌台犹如一棵棵抽象的大榕树，竖向的杆件好比榕树的树干，巨大的遮阳顶棚光影婆娑，正如榕树的巨大树冠。

赛歌台有着开放的舞台和看台，这种室外观演方式是对传统生活方式的转译，与当地的气候环境相适应。这正是一种朴素的绿色建筑策略。邻水而建，遮阳通风，自然采光，以自然山水为舞台背景，好似一棵棵人造大榕树。开放的建筑空间使得建筑与周边自然环境相互渗透融合，建筑也变成了自然的一部分。

建筑屋顶和墙面局部设置垂直绿化，综合使用雨水收集、生态滴灌等技术，构成了被动式的绿色建筑体系，营造出了舒适宜人的微气候。

赛歌台模型图 / The performing area model

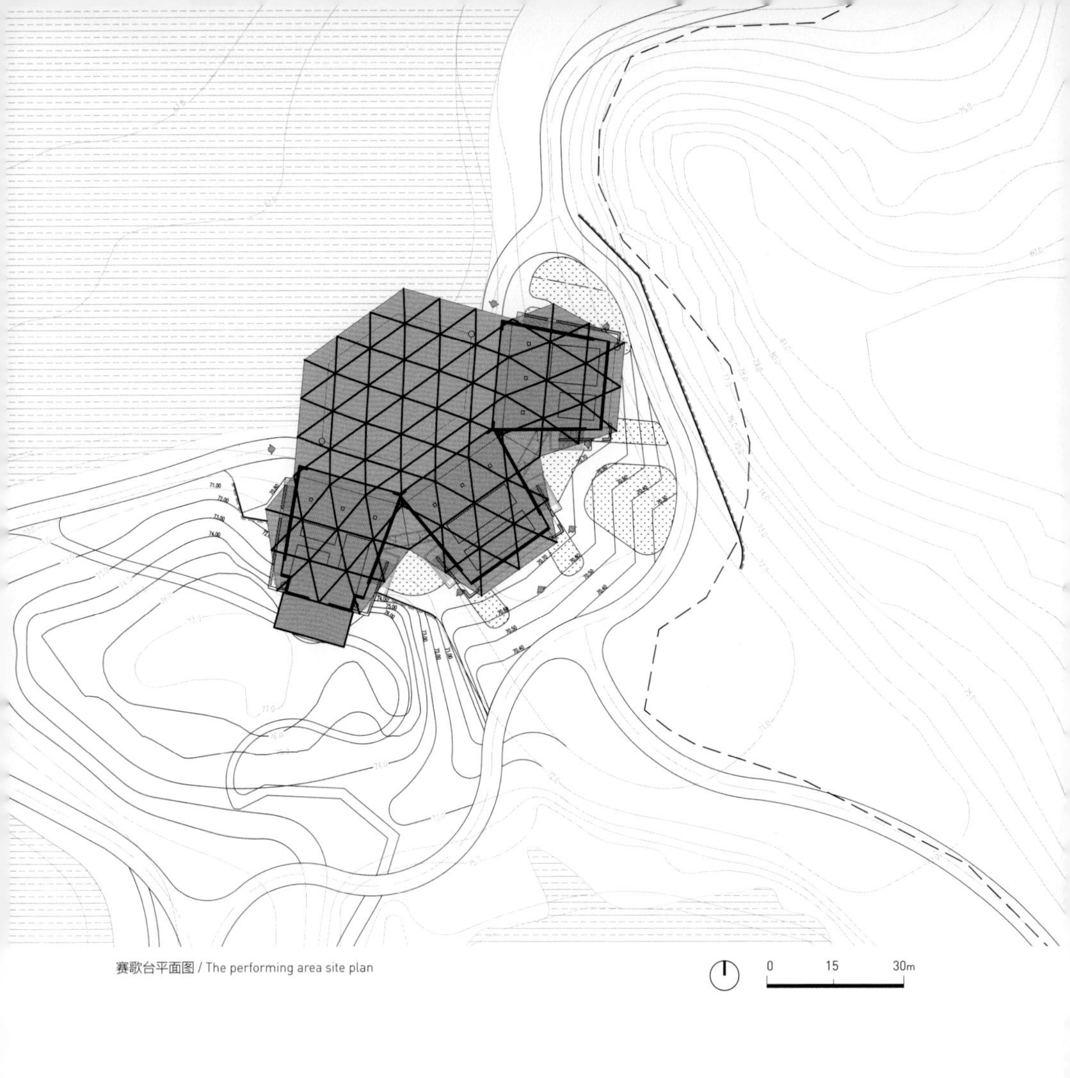

赛歌台平面图 / The performing area site plan

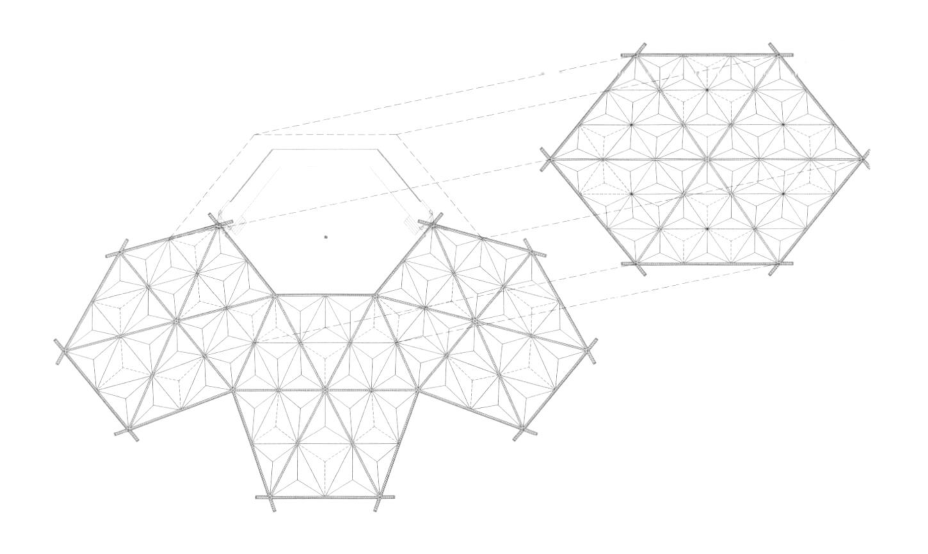

赛歌台屋顶平面 / The design scheme of the performing area roof

施工中的钢结构 / Steel structure under construction

结合赛歌台的建筑形态构想，可以从哪些维度考虑建筑的绿色节能？

为了让观众在融入自然山水的大榕树屋顶下有更好的观演体验，设计对大榕树的屋顶结构支撑体系、材质、分格、上下凹凸三角锥体位置、格栅疏密等进行推敲和光影的模拟，并结合看台遮阳、通风、避雨、绿色能源等需求综合设计，使人置身于自然光景之中。大榕树屋顶围护材料为防紫外线高透阳光板，具有一定遮阳效能，为下部空间提供充足的自然光。在下部斜柱支撑“树冠”处，设置有随机分隔的疏密变化遮阳格栅，以模拟树冠与树荫的意向。由于南宁是多雨之地，避雨、排水的设计尤为重要。设计将屋顶排水体系与结构体系相结合，划分不同的三角形排水单元，避免大量雨水的集中。

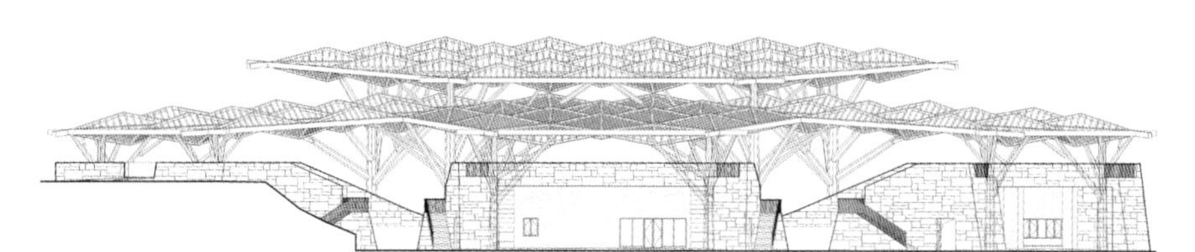

赛歌台东南立面图 / The performing area southeast facade plan

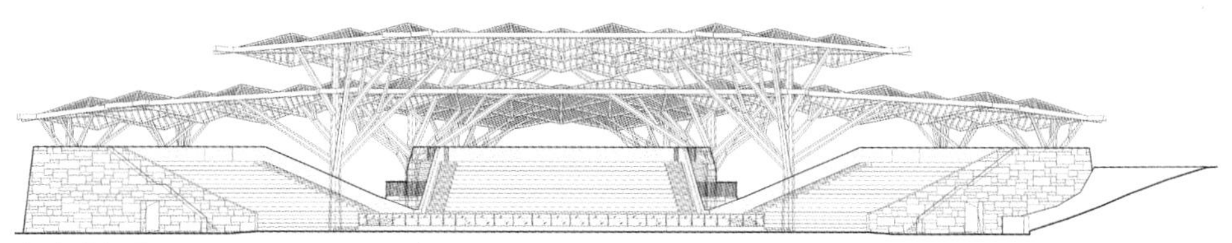

赛歌台西北立面图 / The performing area northwest facade plan

从赛歌台眺望清泉阁 / See Qingquan Pavilion from the performing area

清泉阁夜景 / Night view of Qingquan Pavilion

清泉阁入口 / Entrance of Qingquan Pavilion

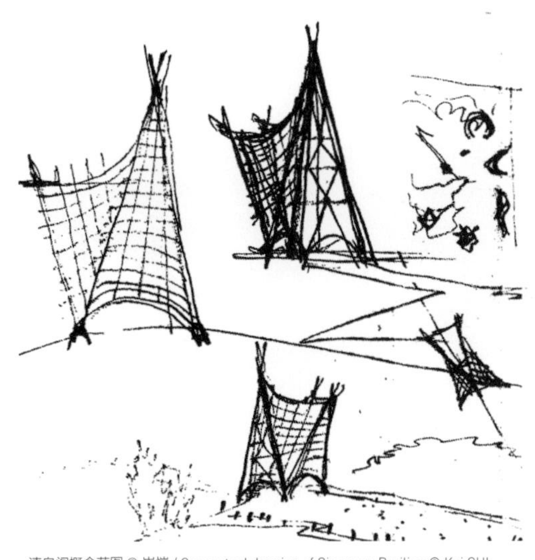

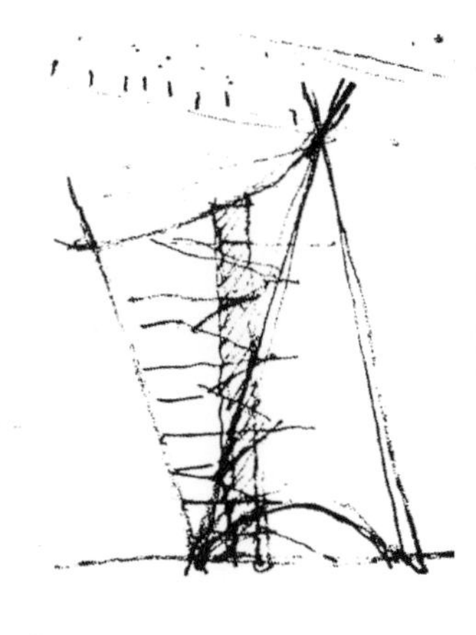

清泉阁概念草图 © 崔愷 / Conceptual drawing of Qingquan Pavilion © Kai CUI

清泉阁如何结合地域传统建筑特色，创造出丰富的体验空间?

清泉阁内部主要空间为单一大空间，通过楼板与外部结构合理搭接，营造错落有致的内部空间，丰富的层次提供了更多优秀的观光空间。平台与平台之间施加斜向支撑，形成丰富的晶格状结构，局部设置百叶，使内部空间层次更加充满趣味。清泉阁自下而上由入口开放大厅、不同标高的观景平台、阁顶三部分组成。清泉阁入口处与阁身通高，阁底两侧由两个大拱支撑，室内外互相通透，室内草坪与室外自然景观相融合。

施工中的钢结构 / Steel structure under construction

结合清泉阁的空间特征，建筑应该采用怎样的结构体系？

清泉阁主体结构采用空间钢桁架结构体系。清泉阁形体是通过扭转形成的“上下等大”的空间造型，且主要控制边线采用空间曲线，增加了形体和结构的复杂度，因此在形体推敲、结构优化、幕墙深化、施工配合中均采用了参数化设计。参数化技术在这种复杂性结构和幕墙体系中的运用发挥了关键性作用。在项目实施过程中，考虑到钢结构节点处理和交接效果的完成度，避免工厂加工和施工现场安装过度复杂，主体钢结构由原方形截面改为圆形截面，大大提高了项目的完成度，也与传统木构建筑相呼应。

阁身外围为由空间钢结构支撑的全开放的层层金属密檐，形成一个具有张力的、高耸的密檐阁，一根根向上延伸的杆件均是受力杆件而非装饰构件，体现了结构的质朴之美。

Lantern-shape grille at the entrance

如何借鉴地方知识，选择适宜的生态策略？

清泉阁的整体造型确定之后，在进行外立面推敲过程中，设计打破外围用玻璃幕墙将空间进行围合、内部采用能源方式创造舒适人工环境的常规策略，结合地域气候特点，选择了开放的建筑围合体系策略，就像广西传统建筑一样，通过层层重檐透空，使建筑更好地融入自然。这也以自然而不是技术的手段使建筑达到了绿色节能，大大降低建筑能耗。这些来源于广西本土先民在气候适应性条件下所形成朴素的与自然开放相融的生态策略，为清泉阁创造了独特的功能空间和观光体验。

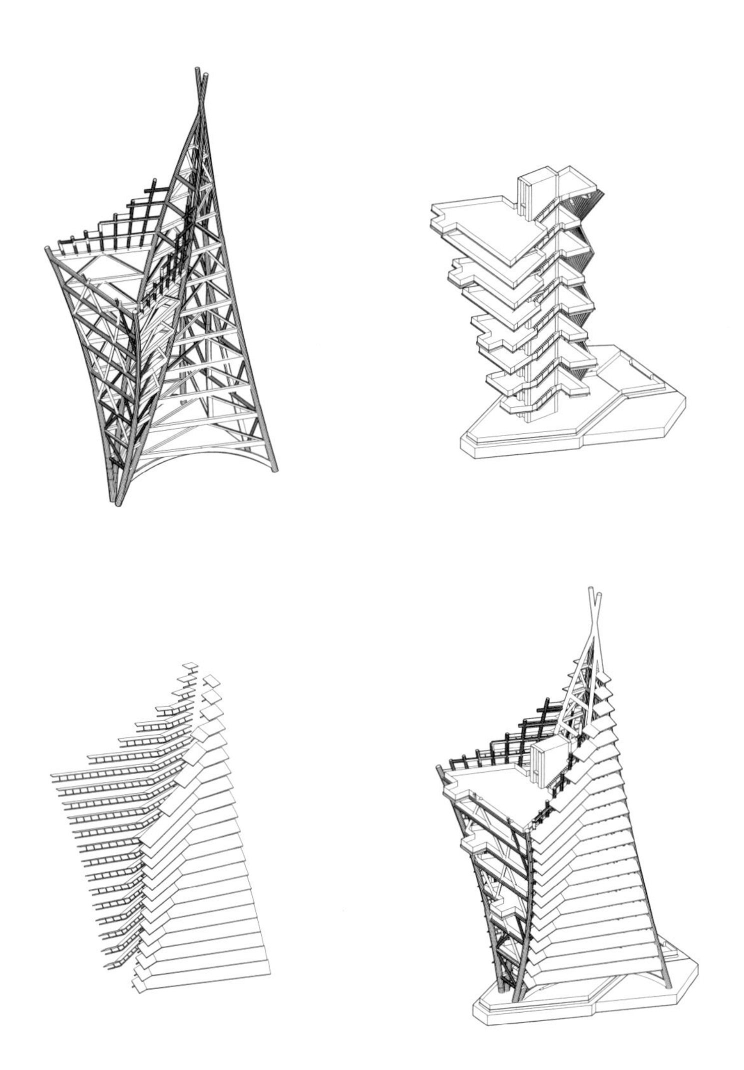

清泉阁轴测图 / Qingquan Pavilion axonometric drawing

"A" 形加 "V" 形结合的空间体系 / A- and V- shaped spatial system

开放

2019中国北京世界园艺博览会中国馆

OPENNESS

China Pavilion of 2019 International Horticultural Exhibition in China (Beijing)

当人造之物借由自然之力，连结大地之脉，融入山水之景，便能唤起人们的情感，因为对自然的热爱是人类的本能，对文化的赞美则来自内心的触动。中国馆琉璃色的屋顶、层叠的梯田、屋檐下的雨滴、晃动的灯笼……一幕幕展现在观众眼前时，让人驻足凝神，有所感悟……

The love of nature is a human instinct, and the praise of culture comes from people's emotional recognition. So man-made structures should be in accordance with the power of nature, connect to the context of the earth, and blend into the scenery of mountains and rivers. Eventually, these man-made structures will arouse people's emotions. The glazed roof, the cascading terraces, the raindrops from the roof, the swaying lanterns... The architectural and natural scenes offers the audience an attractive place to meditate.

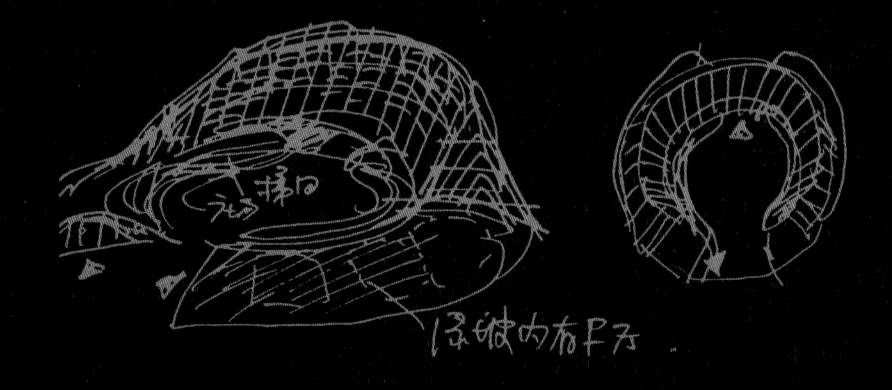

草图 © 崔愷 / Conceptual drawing © Kai CUI

中国馆起伏的屋脊与远处的山脊线相呼应 / The undulating outline of the China Pavilion echoes the mountain ridge in the distance

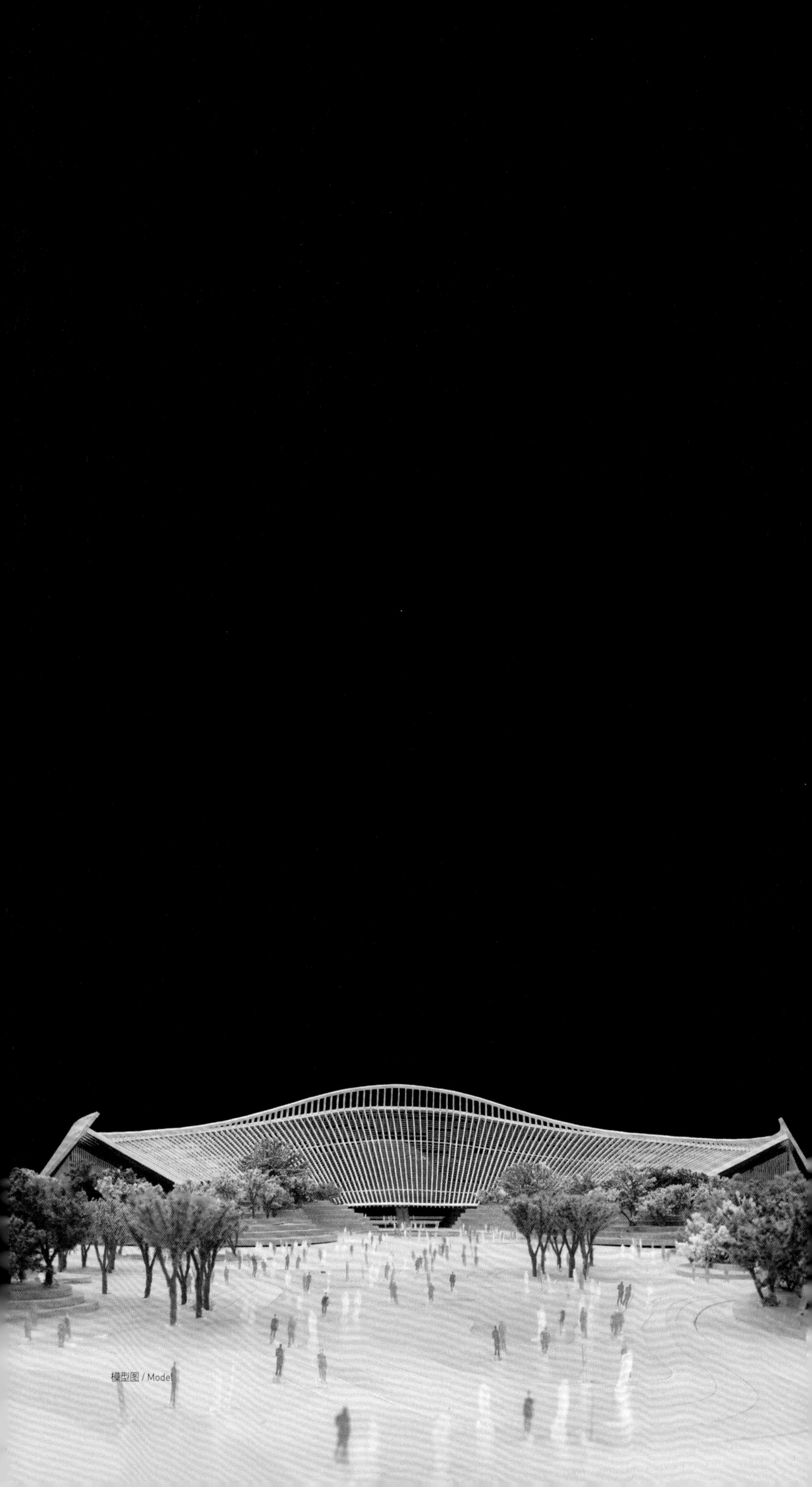

模型图 / Model

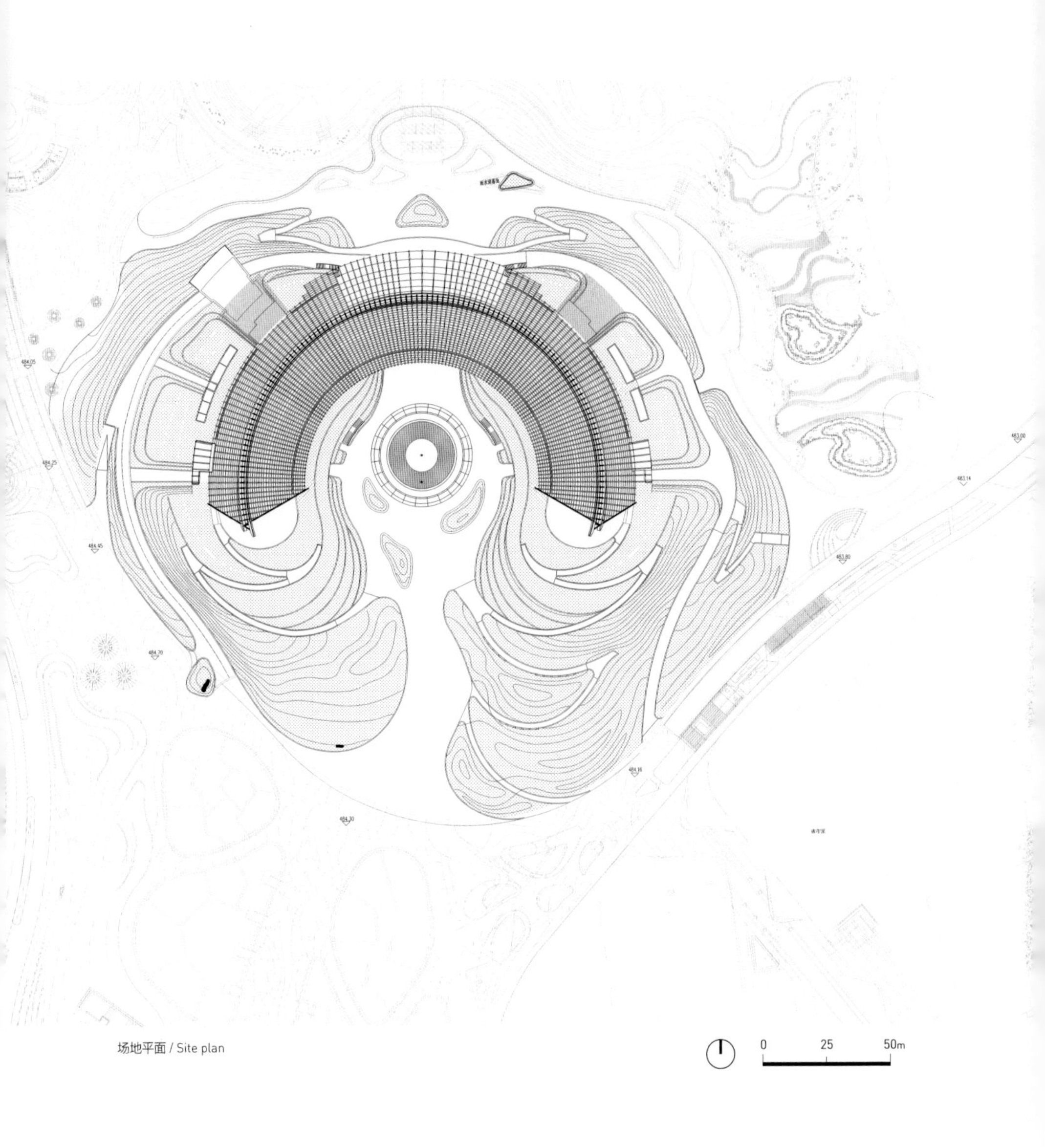

场地平面 / Site plan

0 25 50m

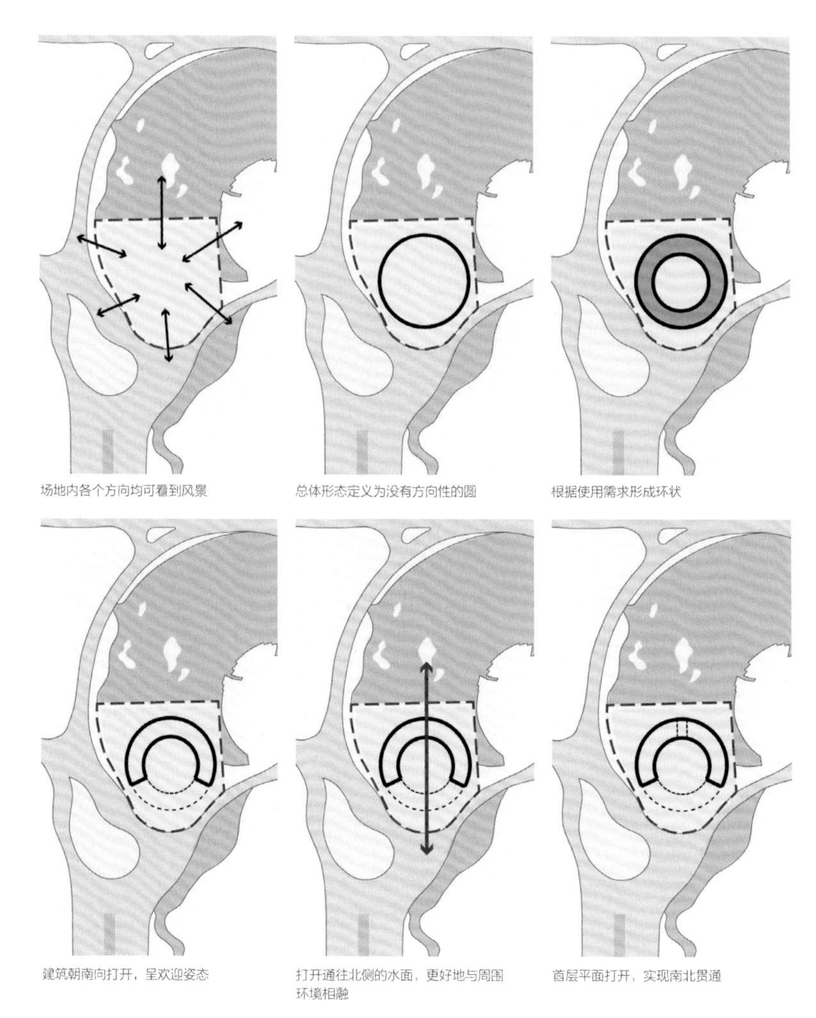

场地内各个方向均可看到风景

总体形态定义为没有方向性的圆

根据使用需求形成环状

建筑朝南向打开，呈欢迎姿态

打开通往北侧的水面，更好地与周围环境相融

首层平面打开，实现南北贯通

形态的生成 / Typology generation

位于世园会园区核心区域的中国馆，在远山近水平田的场地中，如何看风景？如何融入风景？如何自成一景？

中国馆位于世园会山水园艺轴中部，南侧面向主入口礼仪大门，东侧是中华园艺展园区，北侧是妫汭湖，西侧是中华园艺轴及企业园艺展园。站在中国馆场地上，向北可远眺冠帽山、妫河，近看妫汭湖面；向西北可远眺海坨山，近看永宁阁、天田山；西望植物馆；向南远眺长城，近看中华园艺轴；向东可看国际馆；向东北可观演艺中心。

中国馆场地四周处处皆景，为设计提供了良好的自然条件。在整个观展流线上生态园艺主题贯穿始终，空间变化起承转合，室内展园与室外景观场地多次切换，游客可在不同位置、不同标高的平台观赏四周景色，为观展提供了独特的中国园艺体验。

中国馆所处场地地势极为平坦，我们运用中国园林的造景手法，通过起坡、堆山、造田、盘路，再现农耕时代的山野风光。中国馆外观呈半环形，外形既像中国古代宫殿，又似茅屋农舍，以圆满温润的轮廓融入场地，环山抱水，成为整个园区景观脉络的延续。形体上虚下实的台地关系清晰，让建筑能够嵌入这块经过整理的土地。

我们充分研究华北地区气候特点，运用覆土堆积梯田阻挡冬季西北风，形成环抱的开放姿态。中国馆整体形成“一亩梯田”“一方水院”“一个屋檐”“一间暖房”的中国特色建筑，融入山水之间，设计中贯穿了中国文化和生态自然的理念，整个中国馆处于大的山水之中，又拥有自己的小的山水环境，自成风景。

在当前时代背景下，如何在世园会的国家馆中体现中国精神？

作为本次世园会核心景观区的国家级标志性主展馆，中国馆承担着向世界展示中国绿色发展理念和生态文明建设成果的重大使命。中国馆取意“锦绣·如意”，用农耕文明智慧与传统建构的当代转译结合，屋顶犹如一柄如意，舒展于青山绿水间、层层梯田之上，寓意国泰民安。建筑形态谦和包容，将绿色生态技术与中国传统文化巧妙结合，打造了属于中国的生态绿色名片，反映了当前中国人生活方式的变迁，展现了建筑的国家性、文化性与技术性。中国馆旨在以诗意的中国语言讲述美丽的园艺故事。

中国馆建筑面积2.3万平方米，是世园会里最大的建筑场馆。从广场中央远眺，数万根金属梁柱拼接而成的金色超大型双曲面钢屋顶覆盖下的主馆恢宏大气。馆外东西两侧的五彩梯田古朴持重。由4300块尺寸各异的玻璃组成的幕墙，则像一袭华美的外衣，点缀着整柄如意的光彩。

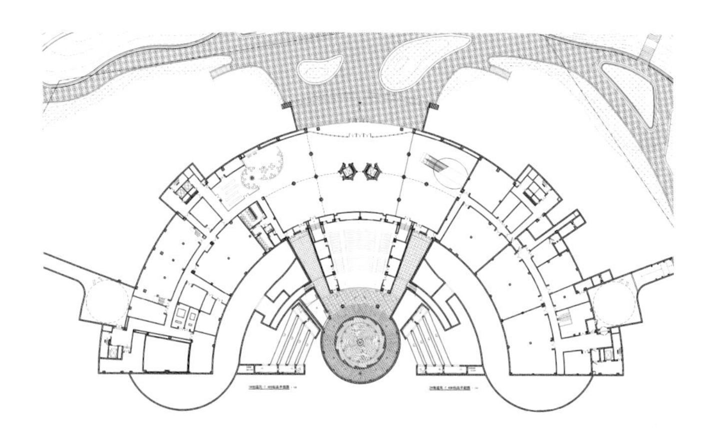

地下一层平面图 / The underground floor plan

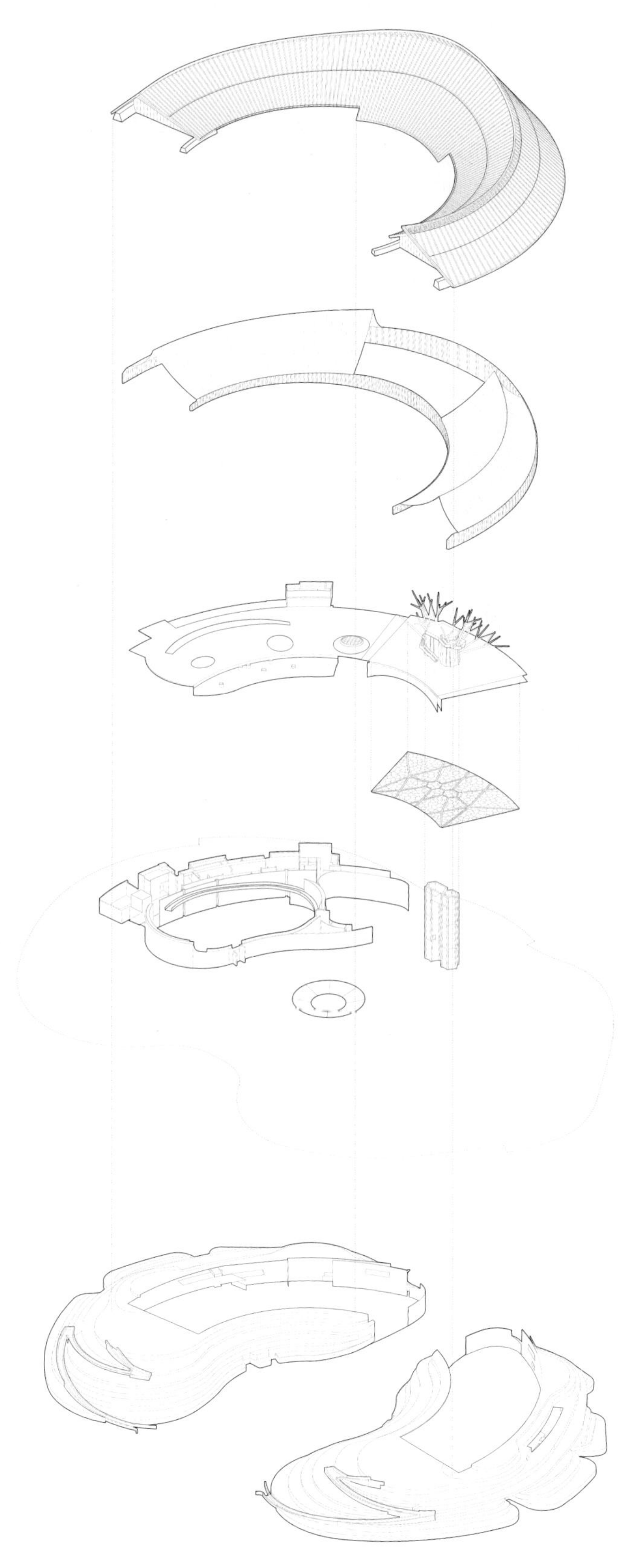

轴测图 / The axonometric drawing

习近平总书记评价：世园会中国馆体现了厚重的地域文化，讲述了美丽的园艺故事，汇聚了中国生态文明建设成果，不仅让我们欣赏到美妙的园艺，更体现了中国与世界追求绿色生活、共享发展成果的理念。(http://www.gov.cn/xinwen/2019-04/28/content_5387256.htm)

园艺起源于农耕，如何在世园会中国馆中体现农耕的智慧？

中国馆主要展厅被覆盖于“梯田”之下，“梯田”上的金色华盖笼罩着锦绣繁花，如一座巨大的温室簇拥怀抱。梯田区域是中国馆最具特色、最核心的景观展示区，表达的是对梯田这种有着悠久传统、代表了天人合一思想的生产方式和生活智慧的模仿和致敬。原本的种植设计方案打算栽植小麦等农作物，成本较低且能够体现原汁原味的农耕景观。后考虑到会期需要间苗、收割、轮作，管护成本较高，故考虑修改方案。经过市场调研比选，设计团队选择新麦草（也称为俄罗斯野黑麦，*Psathyrostachys juncea*）作为替代作物品种。新麦草长寿命、抗寒、抗旱、耐践踏，在畜牧业和草业领域广泛使用。然而，新麦草未进行年度检验检疫，市场上没有在售种源，只得再次替换主材。设计团队再三比选，最终选择了拂子茅（*Calamagrostis epigeios*）这一近些年新兴的观赏草品种来代替麦类植物，以呈现“风吹麦浪”的景观效果。

中国馆是世园会园区的核心建筑，设计希望能传承先人田园文化、农耕文化的价值观，呈现一种更自然的状态，而不仅仅是一个庞大建筑。中国馆效仿先人“巢居”“穴居”的古老智慧，打造一座会“呼吸”、有“生命”的绿色建筑。因此，在中国馆的顶部，以农民“盖窝棚”的做法为原型，采用了最简单的人字支撑打造了一个大地上的“棚架”。

建筑主体覆盖在梯田之下 / The main building is covered under the terraces

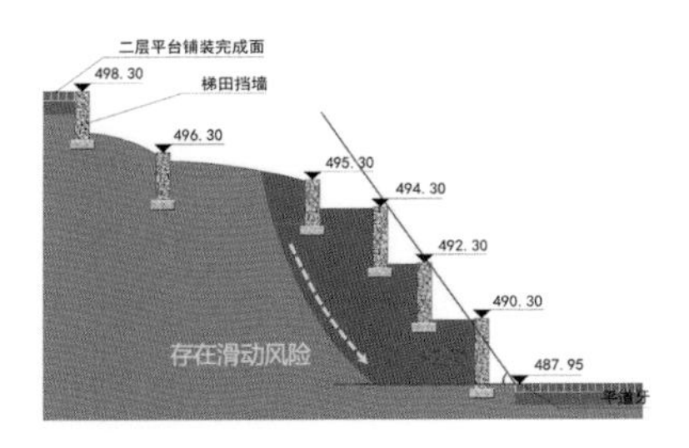

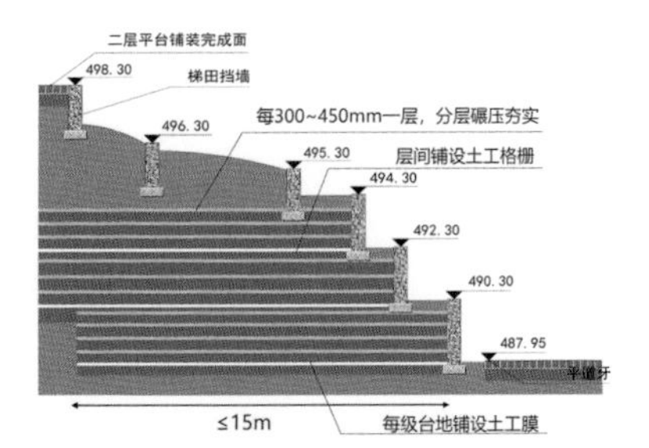

梯田边坡防护 / Terrace-slope protection measures

中国馆的平面设计为半月形，中间还设计了一口井作为水院。水从四周涌出，顺着灰瓦铺就的屋面流淌，再从直径12.6米的圆形天井倾泻而下，跌入地下一层的庭院之中。院内的跌水区域同样以灰瓦铺就，采用相互搭接的铺筑工艺，呈向心螺旋状—— 置身其中的游客望着跌落的水帘，如同雨天站在老房子的屋檐下，怕是也会生出“半夜思家睡里愁，雨声落落屋檐头”的感慨吧。“四水归堂”景观的外环为一个机械转台，以浮雕形式展示了被誉为“中国古代第五大发明”的二十四节气。转台缓慢而连续的旋转象征二十四节气的周而复始。

中国馆前广场的铺装设计并没有采用一般场馆常见的花岗岩，而是精致古朴的马蹄石。马蹄石表面凹凸有致，相邻石块之间留有5毫米宽的缝隙，雨季时，雨水可以顺着石缝快速下渗，浸润整个地面，弥散出泥土的味道，伴随着雨打树梢的沙沙声，令游人仿佛漫步在乡间古道。

游客从地下一层向上眺望时可以直接看到瓦屋面 / Visitors can directly see the tile roof when looking up from the underground floor

水院屋面采用内凹式轮辐式索桁架体系 / The roof of the water courtyard adopts a cable truss system

沿圆形边界均匀布置24组承重索和稳定索 / 24 groups of load-bearing cables and stabilizing cables evenly set along the circular boundary

二层入口 / Entrance on the second floor

屋顶ETFE膜 / ETFE membrane roof

玻璃和ETFE膜之间形成的空腔 / Cavity formed between glass and ETFE membrane

二层大厅眺望远处的山景 / Overlooking the distant mountain from the second floor lobby

观景露台

如何在中国馆的设计中实现对中国传统建构方式的当代转译，并使其结构满足园艺展览的需求？

中国馆“在自然怀抱中，筑一座山，营一片田”的初心正是中国传统园林自然观的体现。中国馆一层东西两侧为覆土空间，二层为张弦梁钢结构屋架空间。覆土建筑外侧为层层梯田，其上种植各种景观苗木。建筑二层屋架系统平面为标准环形中的一段，建筑高度为中间最高、向两侧不断降低，到端部再次升高，整个屋脊形成一条优美、平滑的曲线。设计借鉴了中国传统斗栱和榫卯工法，并运用当代工艺，将简单实用的钢筋混凝土框架和轻盈优雅的钢木结构相结合，铺设了太阳能板的屋盖隐现其间，制作出巨大金顶与飞檐翘角的轮廓。屋架钢结构包饰选用2.5厚纳米钛瓷喷涂铝单板，铝单板分为深、中、浅三种颜色。阳光下，太阳能板折射出欢快明亮的金黄色，传达出北京紫禁城中宫殿恢宏的空间意象。由132根主桁梁、5400根小横杆、2184根拉杆以及696根水平支撑杆组合搭接而成巨大的钢屋面；1.2万个构件的焊接长度就达到上万米。中国馆主桁架端部古典精致的“園”字磨砂玻璃“栖”于飞檐翘起，再现了中华传统建筑的灵动神韵。

园艺展览对荷载要求很高，需达到10千牛顿每平方米（常规办公建筑为2千牛顿每平方米，机场大厅、展览厅为3.5千牛顿每平方米）。中国馆设计了架空观景平台、下沉水院等半室外空间，同时地下还有面积较大的地道风转换井、设备夹层等功能性空间，上述空间按照现行《建筑工程建筑面积计算规范》（GB/T 50353-2013）均不计入建筑面积，致使实际施工的结构面积（约31000平方米）远大于建筑面积（23000平方米）。中国馆结构形式复杂，集合了钢筋混凝土框架剪力墙结构、钢骨混凝土结构、组合鱼腹式空腹桁架结构、拱结构、张拉选索结构等多种结构。同时，由于建筑形体复杂，项目还面临着曲形墙施工难度大、局部结构跨度大等建造难题，包括要在观景平台树形柱区域实现55米×35米的无柱空间、在南北立面分别实现35米和55米大跨度转换梁、在序厅实现30米大跨度梁等。中国馆的钢结构屋盖为左右对称的三维曲面，每一侧都没有任何两个杆件完全相同，导致组件加工和安装的难度都大大增加。此外，结构、幕墙、设备、照明、景观的一体化施工也对施工工艺发出了巨大的挑战。

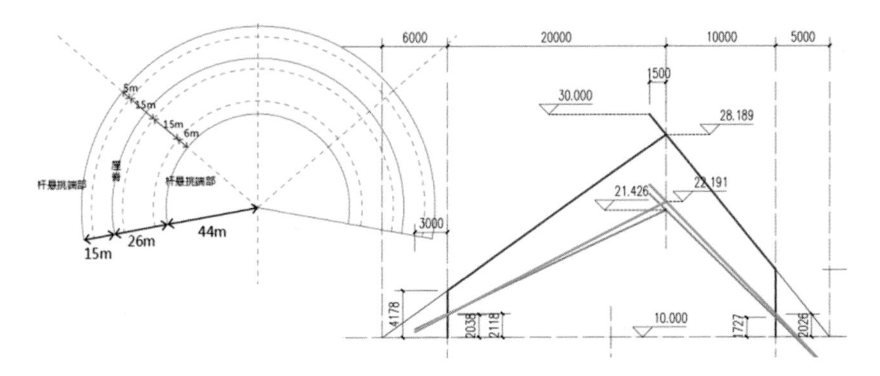

屋面体系演化逻辑 / Evolution logic of roof system

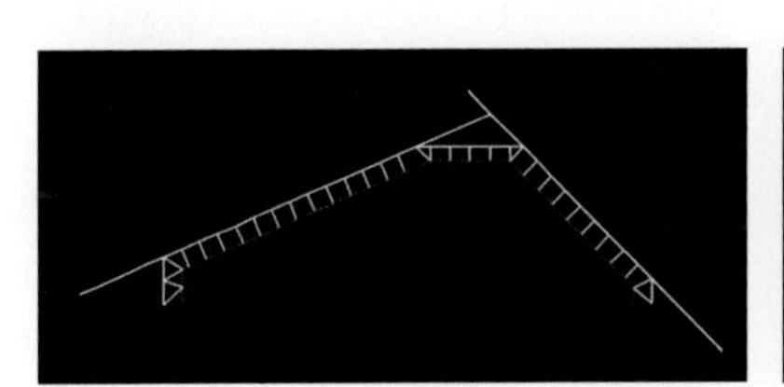

刚性钢桁架方案 / Rigid steel truss scheme

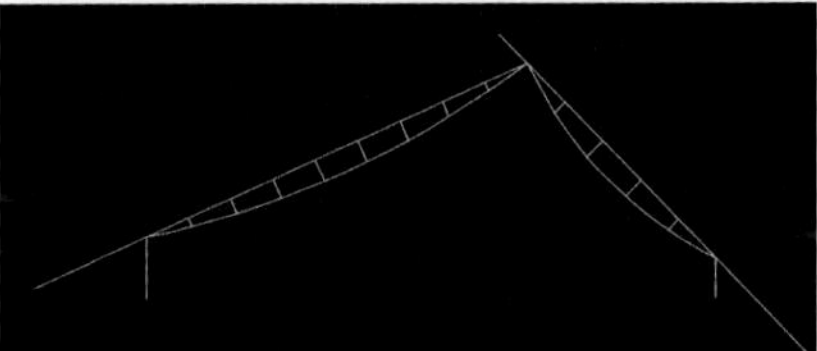

铰接鱼腹桁架方案 / Lenticular truss scheme

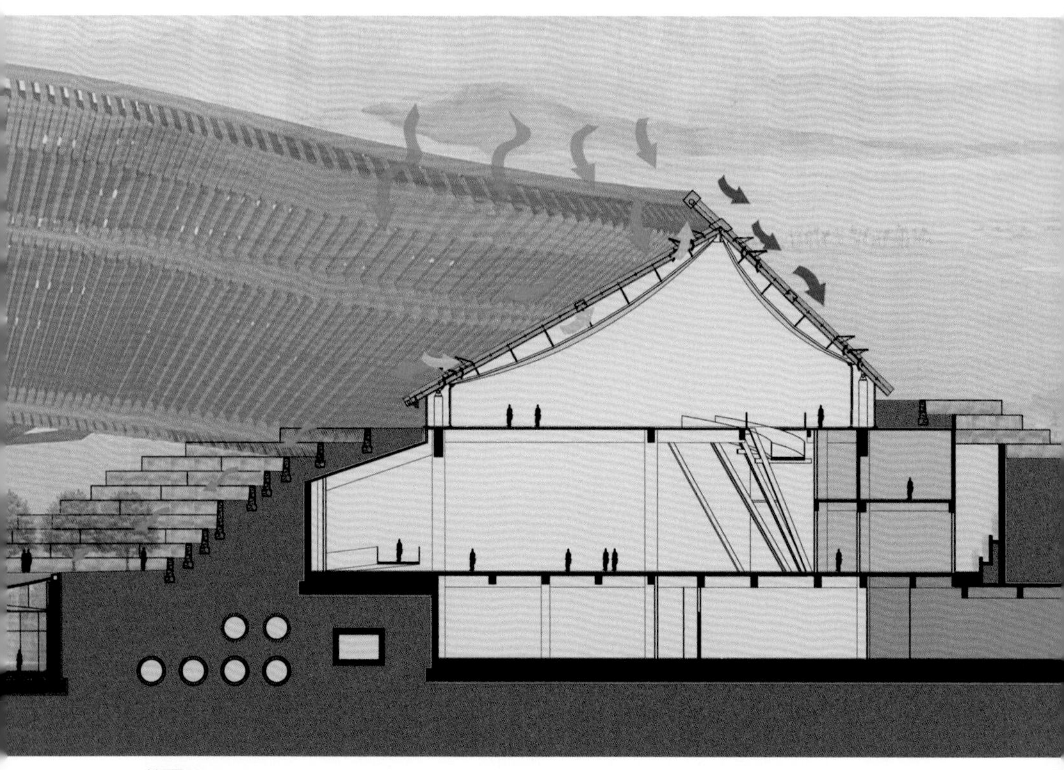

剖面图 / Section

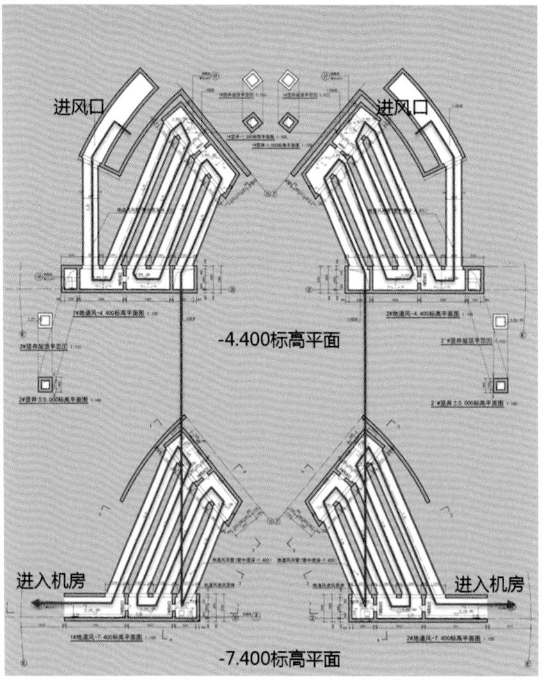

地道风风管的设计 / Design of tunnel ventilation

地道风施工中 / Tunnel ventilation under construction

在当前全球生态保护的背景下，如何实现中国馆的绿色建筑创新？

中国馆会后将作为生态文明博物馆，需要实现场馆的长期运行。根据这一特征，在绿色技术选择上，重点选定了两类技术作为中国馆的主导技术：一是实用效果显著、节约运营成本的技术，包括覆土、地道风、强化室内自然通风技术；二是兼具实用功能和高展示性的技术，包括太阳能光伏、雨水浇灌等。

作为我国首批达到绿色博览建筑三星级标准的示范项目之一，中国馆的设计回应了京津冀地区的气候条件、自然资源、经济发展和社会人文特征，为该地区适应性绿色公共建筑（会展类）设计提供了范式与技术体系支持。

中国馆半覆土的建筑形式既是对场地自然山水特征的尊重与结合，又大幅减少了地下空间的挖方量。中国馆环抱形的场地布局减小了建筑的体形系数，有利于建筑节能。土的热惰性较大、蓄热能力强，因此设计采用被动式技术，将建筑首层埋入地下，利用覆土提高围护结构热工性能，达到良好的冬季保温、夏季隔热效果。此外，中国馆弧形的建筑本体分为东西两个部分，有利于南风及偏南风的通过，降低了风对建筑的影响。

中国馆钢结构屋盖根据“呼吸式幕墙”原理进行设计：钢构架起到遮阳的作用，中空玻璃和ETFE膜之间形成气候缓冲层，在适当位置设置通风口，春季和秋季可实现自然通风，夏季可利用烟囱效应降低温度，冬季则利用温室效应形成怡人的微气候环境。春秋季时，自然通风系统采用负压通风方式，由多台风机并联组成，可根据室外条件控制风机开启数量。通风系统的入口包括位于地上一层的主要人员出入口和专门的通风口，室外空气通过通风口进入室内，空气流动方向与人流动线方向一致，并通过二层楼板洞口进入二层，最后从二层上部的排风口排出。该通风系统可以有效地改善春秋季的室内热湿环境，减少空调的使用，从而降低建筑能耗。

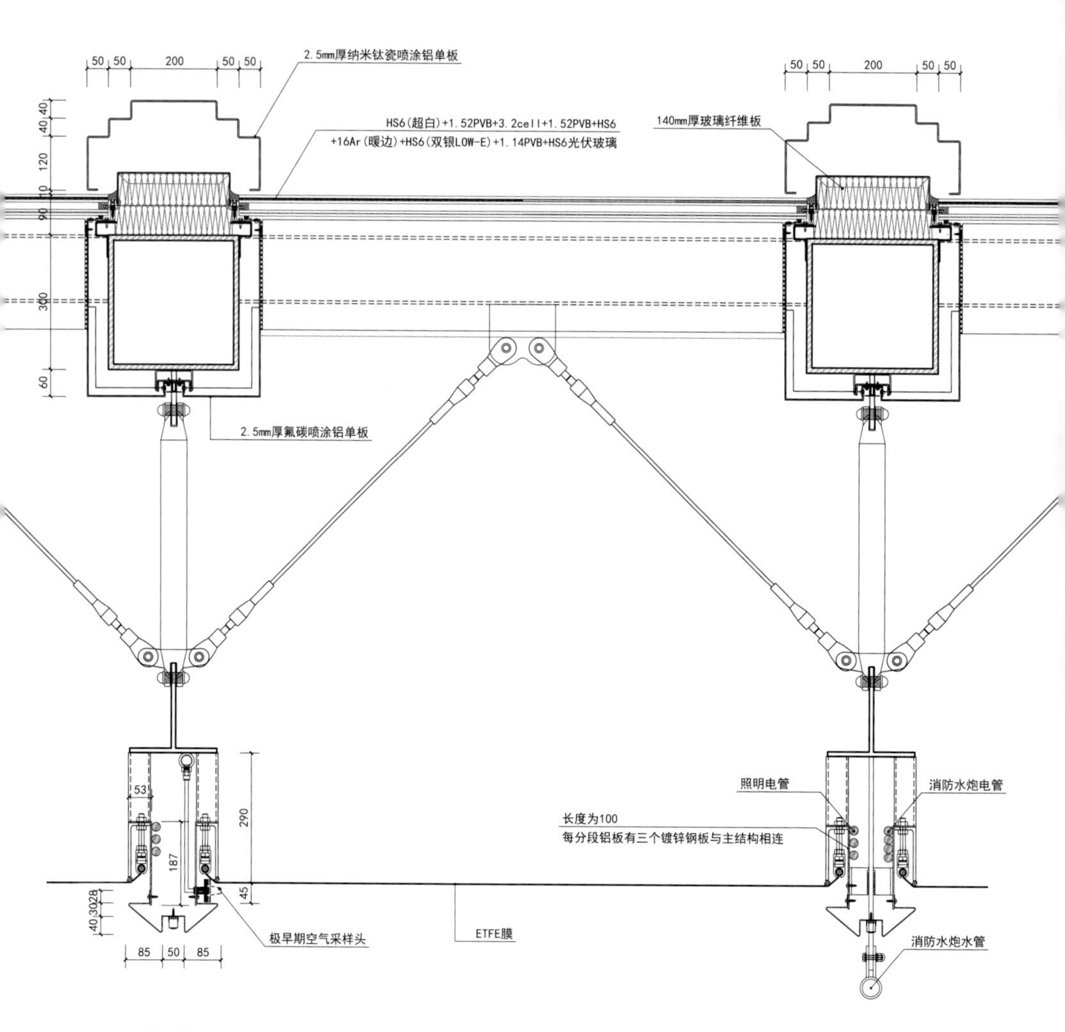

屋架节点图 / Details of roof truss

屋架细部 / Details of roof truss

此外，中国馆还运用了地道风技术。地道风原理是指进入空调系统的新鲜空气先通过一段地道，与温度基本恒定的深层土壤发生充分的热交换。通过对浅层土壤的蓄热能力加以利用，可实现夏季对新风预冷、冬季对新风加热、春秋季直接利用新风。地道风系统能满足绝大多数办公场所的日常需求，能够有效降低建筑能耗。中国馆采用了高密度聚乙烯（HDPE）材料制作风管，代替传统的混凝土风管，从而解决了风管在北京地区易结露、发霉的问题。

中国馆的弧形建筑形态增加了南向采光面积，坡度较缓的南向屋面亦有利于捕获太阳能资源，满足了中国北方地区的建筑冬季日照要求，以及冬夏两季对于园艺展示的特殊光照需求。建筑南向缓坡屋面采用光伏太阳能一体化设计：屋架幕墙安装太阳能光伏发电系统，钢结构屋盖上共安装了1024块光伏玻璃，每块面积从1.67平方米至1.02平方米不等，总装机容量300千瓦，并网后可实现“自发自用，余电上网”。这些光伏玻璃运用世界先进的非晶硅薄膜发电技术。与传统太阳能板的晶硅电池相比，非晶硅薄膜电池具有效率高、耐高温、环境适应性强、美观大方等优点，甚至在非阳光直射的情况下也可以进行“弱光发电”，这使得光伏玻璃的安装不受光照方向和角度的限制，可以和建筑形态更好地结合，实现“光伏建筑一体化”。

屋架铝板颜色选择 / Choose the color of the aluminum plate of roof truss

中国馆能源站总制冷量14912千瓦、总制热量16178千瓦，总冷热量为31090千瓦；地源热泵机组+水蓄冷（地源热泵机组蓄能）制冷量5768千瓦、地热板换+地热机组+地源热泵机组+水蓄冷（地源热泵机组蓄能）制热量9110千瓦，总冷热量为14878千瓦，可再生能源比例为47.85%。屋面装设了太阳能光伏发电系统并与市电并网；光伏发电系统的太阳能电池组件阵列将太阳能转换输出的电能，经过直流汇流箱集中送入直流配电柜，由并网逆变器逆变成交流电供给二层展厅使用，多余或不足的电力通过与市政电网联接来调节。太阳能光伏发电板约2000平方米，发电量约2x40千瓦，可再生能源提供的电量比例约为3.2%。中国馆内设置建筑能效管理系统，对室内照明、插座、室外照明、电梯、制冷、热力、通风、给排水、厨房等系统进行分项计量和能耗分项管理，实现对建筑能耗的监测、数据分析和管理，便于建筑在运行过程中制定能效优化策略、能效分析、节能诊断等。

项目中大量使用的本地材料，例如小青瓦、水刷石、胶粘石、木料等，均可作为可循环材料再利用。梯田挡墙材料选择了世园会周边园区建设过程中产生的碎石、冬奥会建设项目多余的优质石料，实现了资源的高效利用，契合北京冬奥会“绿色、共享、开放、廉洁”的可持续性理念，落实了“可持续·向未来”北京冬奥会愿景。

光伏玻璃与普通玻璃比较 / Comparison of photovoltaic glass and ordinary glass

改进后光伏玻璃与普通玻璃比较 / Comparison of improved photovoltaic glass and ordinary glass

第一条膜正式安装 / The first ETFE membrane was officially installed

光伏玻璃屋顶 / Photovoltaic glass roof

镜面不锈钢树 / Mirror stainless steel tree

如何结合园艺主题的观展体验，创造具有中国特色的空间？

会时，游客经南侧广场进入中国馆，因主入口标高（绝对标高为488.30）与南侧道路标高（484.40）存在近4米的高差，游客需经过一个近100米长的缓坡，缓坡坡度不到4%，满足无障碍通行要求的同时，也不会使游客产生疲惫的感觉。经过缓坡，来到开敞的半围合式前广场，广场周围是长满植被的层层梯田。广场中心处是一个圆形水院，水槽中的水溢出后经瓦屋面下落至地下层，形成壮观的水幕。进入建筑，首先到达的是序厅，绿色的水刷石墙面，顶面带有绿叶图案的软膜顶棚和深浅搭配的绿色格栅，使游客仿佛置身于绿色森林。穿过序厅门洞，进入一层西侧展厅，这是一个绿意盎然的世界，尽管被埋于土中，顶部采光洞口的设计可将二层的自然光引入其中。沿坡道缓缓上升，空间变得越来越明亮，由玻璃和ETFE膜作为顶面的二层展厅，给人豁然开朗的感觉，向东穿过展厅可到达中部观景平台，这是整个建筑最宽敞开阔的空间，在此向西北可观永宁阁，向东北可看到演艺中心。从观景平台进入东侧展厅，其空间形式与西侧展厅为镜像关系，从一层东侧展厅经扶梯可进入地下展厅。在下沉水院，看流水从瓦屋面跌落，好似中国民居中“四水归堂”的景致。参观完毕从北侧出口离开，游客可便捷地到达妫汭湖边。

在整个观展流线上生态园艺主题贯穿始终，空间变化起承转合，室内展园与室外景观多次切换，给游客带来了独特的中国园艺体验。

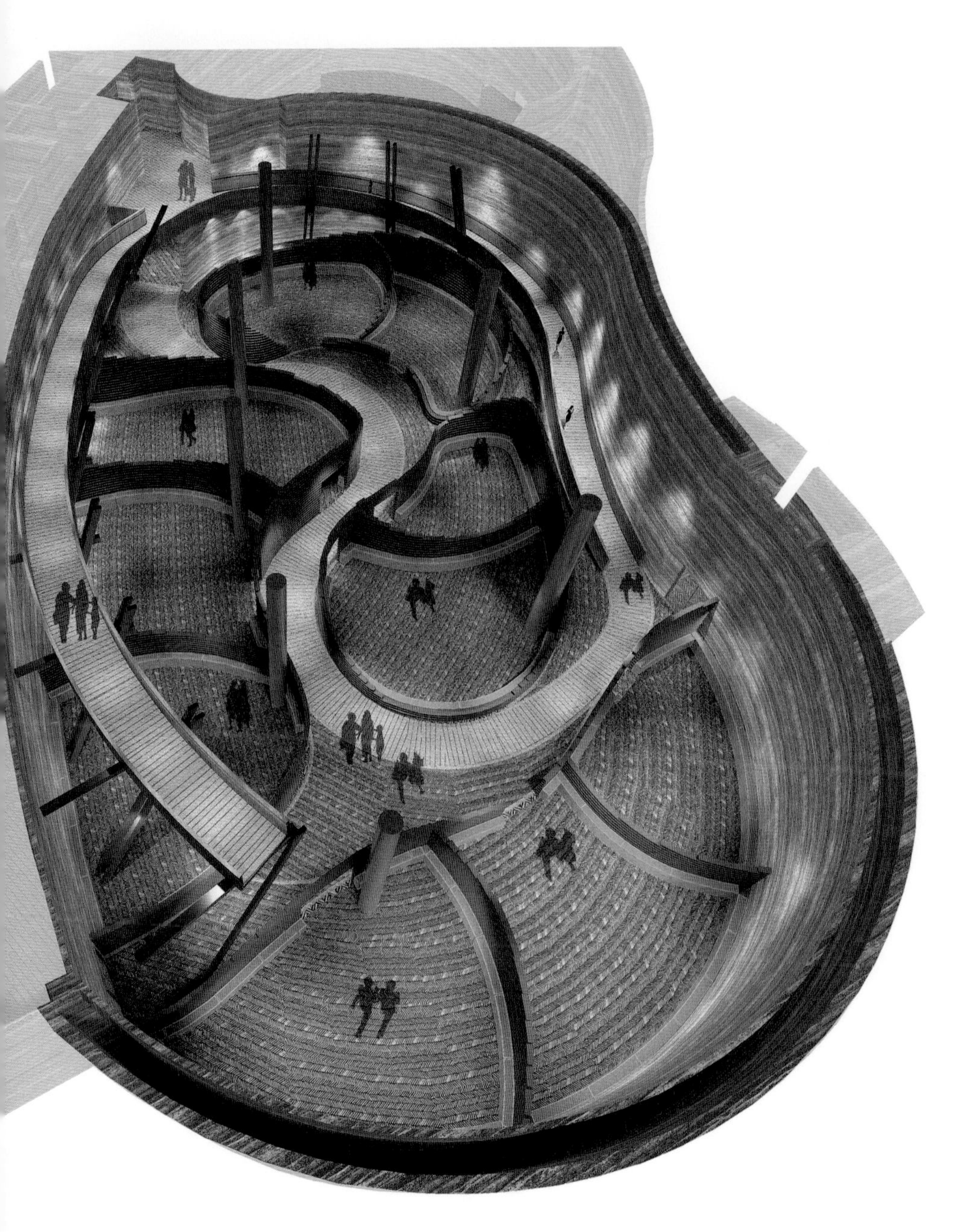

一层展陈效果图 / Rendering of the first floor exhibition space

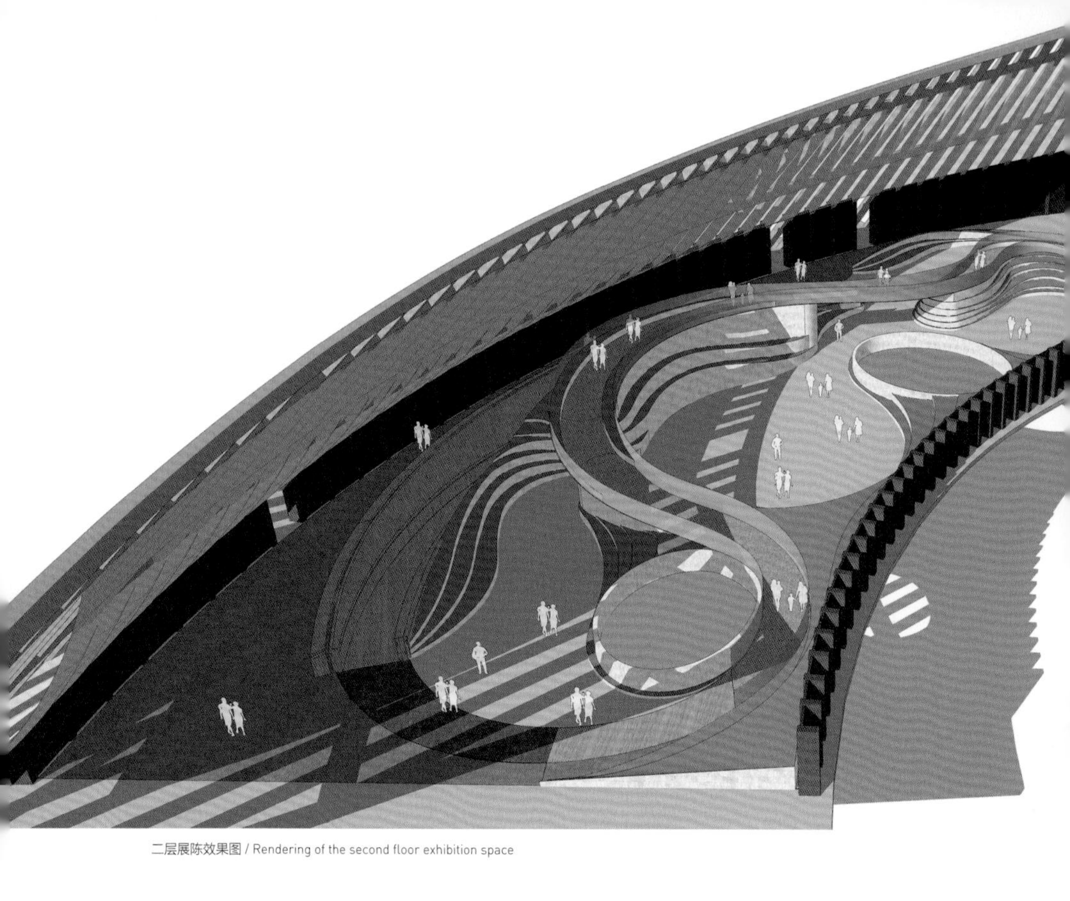

二层展陈效果图 / Rendering of the second floor exhibition space

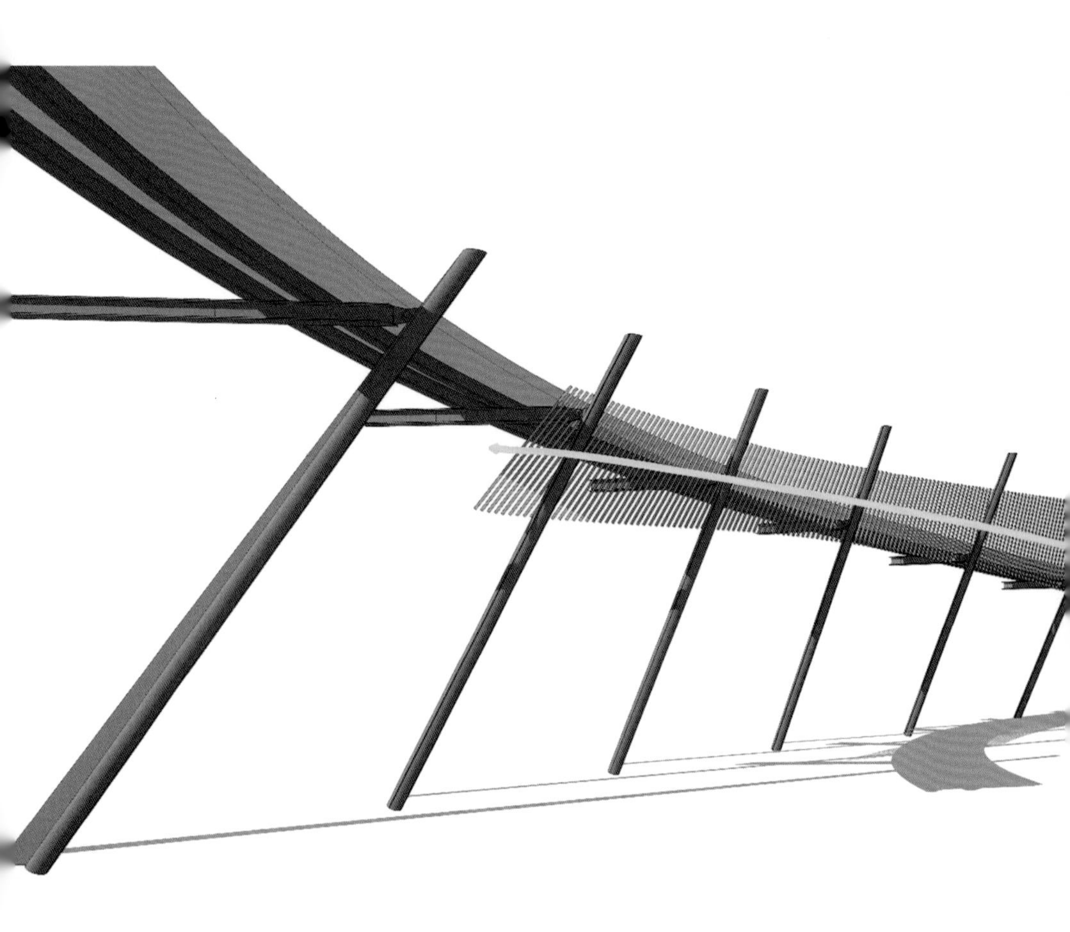

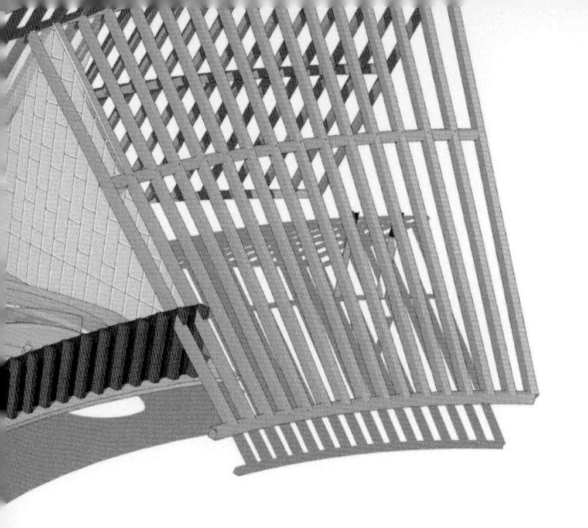

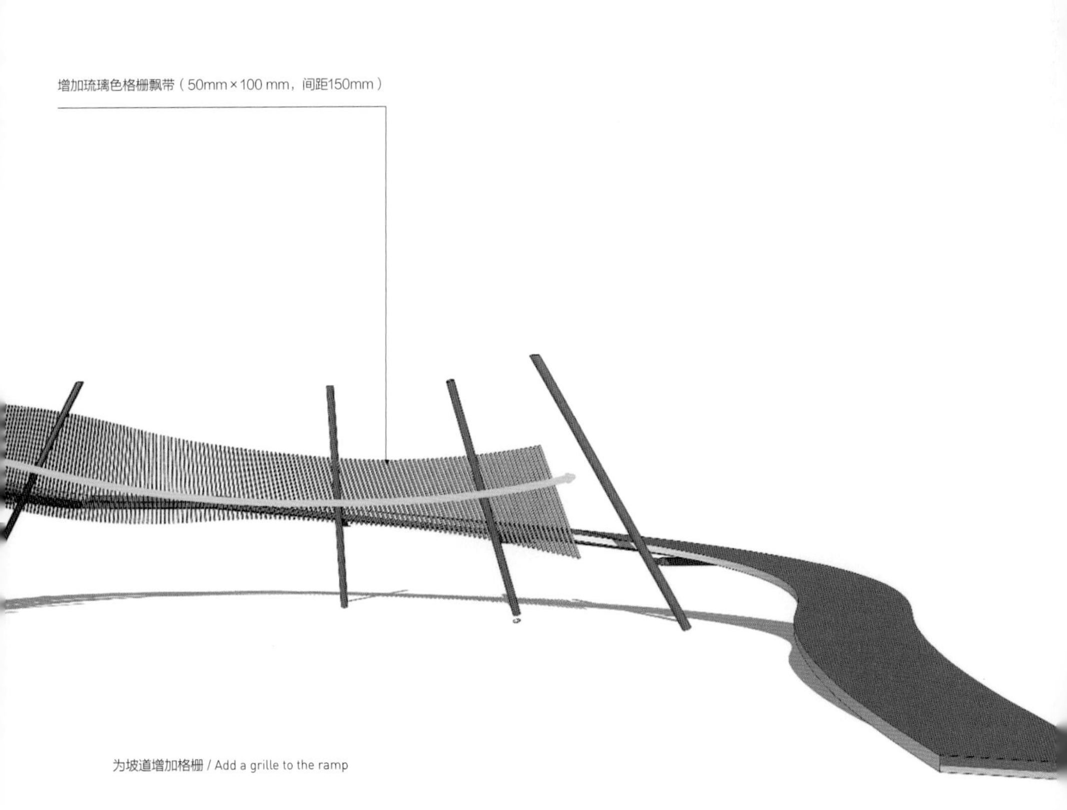

为坡道增加格栅 / Add a grille to the ramp

如何将景观引入室内，创造出“园林化”的室内空间？

设计通过延续景观梯田的概念，将一层到二层的展陈流线做了立体化的提升，在流线两侧以曲线的形式划分各省市展区；将室内环境“园林化”处理，引入一些在园林和建筑中常用的材料。水刷石这种材料被重新经过论证和实验，应用在室内的墙面上。在造价和工期都很紧张的情况下，选用四种不同的绿色涂料随机刷在水刷石表面，涂层很薄，露出石子肌理，墙面效果由此增加了层次感，犹如树影婆娑。地面则运用了一种和水刷石类似的景观材料——胶粘石。地面胶粘石曲线铺装呼应了梯田曲线的蜿蜒之美，同时增加了金属线条细节收边，呼应建筑中树形柱，形成大树树杈分支图形。阳光从巨大的斜屋架间隙中洒下来，暖绿色的胶粘石映衬着琉璃色的金属结构（金属格栅增设暗门，方便后期维护），整个室内空间更像一处园林而并非一个展厅。

展厅的绿色金属格栅顶面，由于造价的原因，从原来的起伏曲面造型调整为条形格栅。虽然采用普通的条形格栅，但是用了30毫米×200毫米和60毫米×300毫米两种不同颜色、规格的格栅搭配，塑造出树荫的形态。

序厅作为中国馆主要的采访及接待的空间，对光色要求较高。在圆形的采光天窗周围，我们设计了一个以圆形为母题的发光灯膜组群。灯膜采用树荫图案，与入口序厅玻璃幕墙贴膜一致，回应了“树荫下的园博会”这一主题。

水刷石栏板细部 /
Detail of granitic plaster railing boards

胶粘石楼面细部 /
Detail of adhesive Stone floor plate

二层展厅
Second floor exhibition hall

吊顶格栅平面图 / Ceiling grid plan

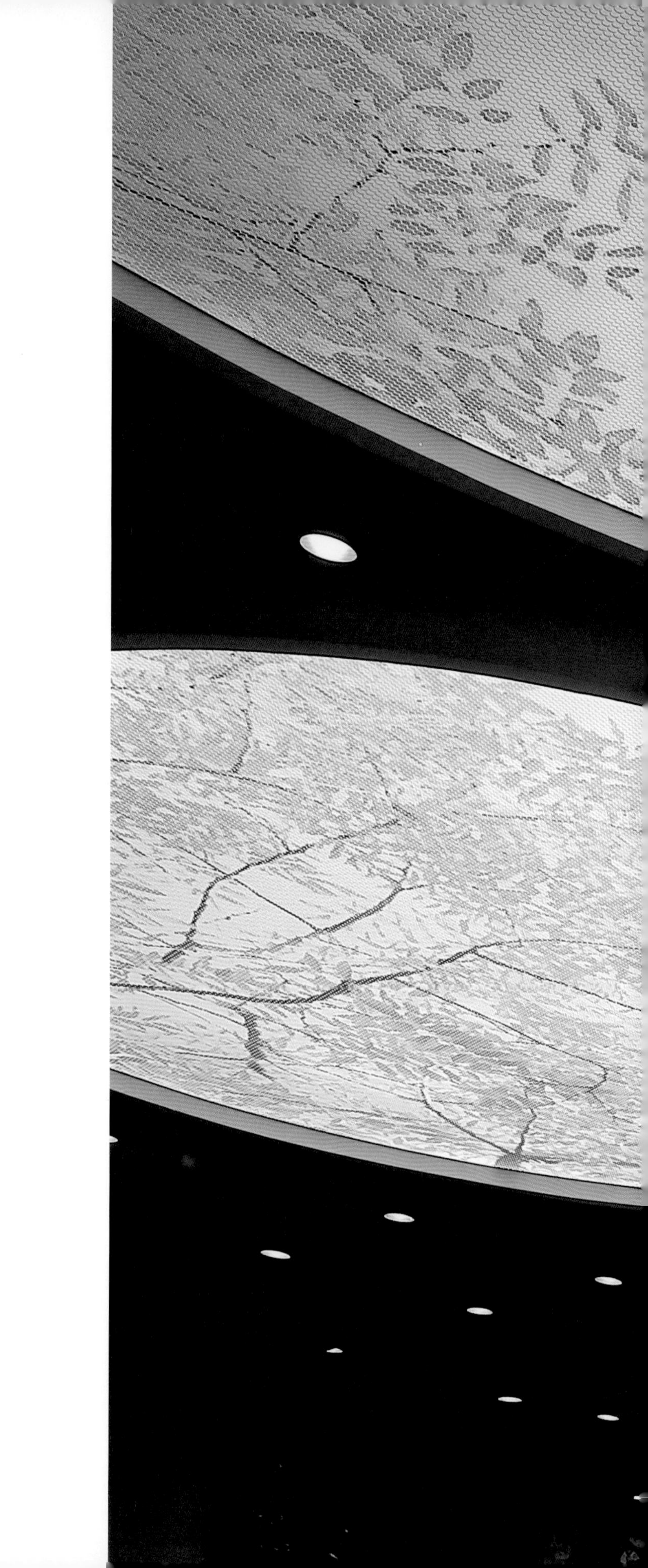

地下一层序厅 / Lobby of the underground floor

屋架照明效果 / Roof truss lighting effect

中国馆应该采用怎样的照明方案?

中国馆的夜景照明着力表现富有东方意蕴的温润质感。分层布置的照明系统与建筑融为一体，至屋脊处借由照明强度的渐变拟合山的形态并勾画如意的美好寓意。室内与室外照明相协调，通过内透光与外照明的平衡与控制，打造步移景异的夜间景观。

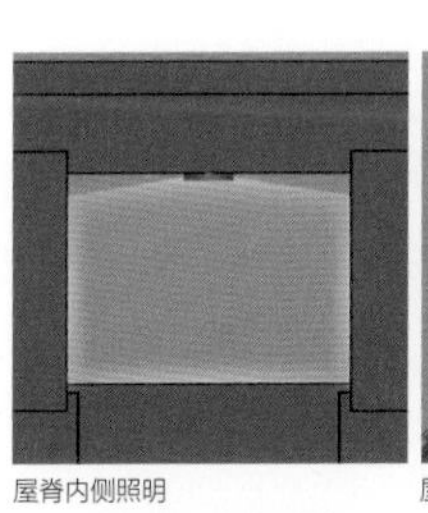

屋脊内侧照明

屋脊南侧照明

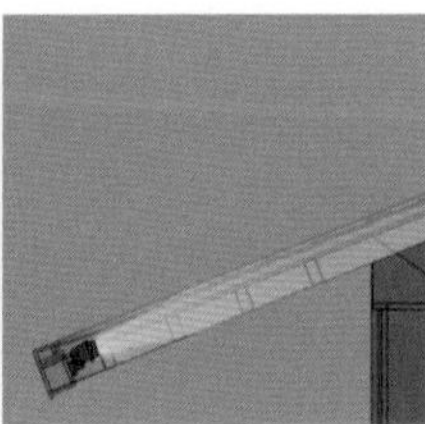

屋脊椽头侧面照明

屋脊椽头端部照明

不同类型光源 / Different types of lighting facilities

中国馆夜景整体效果 / Night view of the China Pavilion

夜幕下的中国馆，融入场地的山水环境中 / China Pavilion integrated into the landscape of the site

室内外照明效果融为一体 / Indoor and outdoor lightings

北侧入口照明效果 / Lighting of the north entrance

从中国馆眺望永宁阁 / Overlooking the Yongning Pavilion from the China Pavilion

鸟儿已来到馆前的大树上筑巢 / Bird nests found in the big trees in front of the China Pavilion

项目信息

Project information

南京月安花园住宅区

NANJING YUEAN GARDEN RESIDENCE AREA

项目地点 / 南京市
建筑类型 / 住宅建筑
建筑面积 / 110 000m²
所获奖项 / 国家康居示范工程（2001）
设计时间 / 1999年
建成时间 / 2002年
设计顾问 / 崔愷、刘燕辉、方明
主创建筑师 / 景泉、李静威
摄影 / 高文仲
制图 / 周舰

建设 / 南京市建邺区河西建设指挥部办公室、南京河西房地产综合开发有限公司；**设计合作** / 南京市建筑设计研究院；**景观** / 柏景（广州）园林景观设计有限公司；**住宅商业策划** / 广州TUT本日市场策略设计有限公司

北京数字出版信息中心

BEIJING DIGITAL PUBLICATION INFORMATION CENTER

项目地点 / 北京市
建筑类型 / 办公建筑
建筑面积 / 49 000m²
所获奖项 / 第十届首都规划建筑设计方案汇报展方案奖
设计时间 / 2004年
建成时间 / 2007年
设计主持 / 崔愷、单立欣
主创建筑师 / 郑世伟、何咏梅、景泉、林琢、林蕾、周宇
摄影 / 张广源
制图 / 张伟成

重庆国泰艺术中心

CHONGQING GUOTAI ART CENTER

项目地点 / 重庆市
建筑类型 / 展览建筑
用地面积 / 9 670m²
建筑面积 / 31 653m²
所获奖项 / 中国建筑学会建筑创作奖大奖（2009-2019）
2016 WA中国建筑奖城市贡献奖入围作品
2015亚洲建协建筑奖入围奖
2014中国建筑学会建筑创作奖公共建筑类银奖
2007第四届中国威海国际建筑设计大奖赛优秀奖
设计时间 / 2005年10月~2006年10月
建成时间 / 2013年
设计主持 / 崔愷、秦莹、景泉
主创建筑师 / 李静威、张小雷、杜滨、邵楠、栗晗、周舰、林琢、朱卉卉、赵建新、张硕、李燕云、崔昌律、刘海、余晓东、赵红、盛燕、马志新
摄影 / 张广源、夏至
制图 / 周舰

结构 / 张淮湧、施泓、王奇、张猛、鲍晨泳、史杰、曹清、王树乐、陈越、谈敏、王婷、闻登一、胡纯炀、朱炳寅；**给排水** / 靳晓红、郭汝艳、付永彬、陈宁；**设备** / 孙淑萍、李冬冬、王加、李雯筠、关文吉；**电气** / 梁华梅、许士骅、蒋佃刚、庞传贵、李俊民；**室内** / 张晔、刘烨、饶劢；**景观** / 李存东、赵文斌、于超、陆柳；**经济** / 赵红、禚新伦、钱薇；**项目经理** / 赵鹏飞

业主 / 重庆市地产集团、重庆市城市建设发展有限公司；**施工** / 重庆建工集团；**经营管理** / 重庆国泰艺术中心经营管理公司；**数码制作** / 点构数字有限公司；**专项设计** / 中法中元蒂塞尔声学工作室、德国昆克舞台设计公司；**专项施工** / 远大幕墙有限公司、北京建峰装饰有限公司、重庆港鑫建筑装饰设计工程有限公司

北京威克多制衣中心改造
RENOVATION OF VICUTU GARMENTS MANUFACTURING CENTER

项目地点 / 北京市
建筑类型 / 办公建筑
建筑面积 / 9 249m^2
所获奖项 / 中国建筑学会建筑创作奖建筑保护与再利用类银奖
设计时间 / 2009年7月~2010年11年
建成时间 / 2013年
设计主持 / 李静威、景泉、杜滨
主创建筑师 / 张文娟、肇灵翕、赵建新、杜捷、栗晗、朱卉卉、吴英凡
摄影 / 张广源
制图 / 邢阳阳

结构 / 王树乐、郭俊杰；**给排水** / 黎松；**设备** / 梁琳；**电气** / 王苏阳；**总图** / 高治、刘晓琳；**室内** / 张晔、纪岩、郭林、韩文文、谈星火

景观 / 阿普贝思（北京）建筑景观设计咨询有限公司

长春市规划展览馆
Changchun Planning Exhibition Hall

项目地点 / 长春市
建筑类型 / 展览建筑
用地面积 / 73 950m^2
建筑面积 / 63 171m^2
设计时间 / 2012年5月~2016年8月
建成时间 / 2016年9月
所获奖项 / 2019-2020中国建筑学会建筑设计奖专项奖（公共建筑）三等奖
2019年度全国优秀工程勘察设计优秀公共建筑设计二等奖
2018-2019年度国家优质工程奖
2019年度吉林省优秀工程勘查设计一等奖
2013年中国建筑业建筑信息模型（BIM）邀请赛优秀项目奖
2013中国勘察设计协会“创新杯”建筑信息模型（BIM）设计大赛最佳BIM建筑设计奖
设计指导 / 崔愷
设计主持 / 景泉、李静威、王更生
主创建筑师 / 吴锡嘉、杨磊、张伟成
摄影 / 张广源
制图 / 邢阳阳

建筑 / 杜捷、秦莹、单立欣、王辰、吴耀懿、路建旗、王炜、赵锂、杨世兴、申静、徐征、刘春月；**结构** / 孙海林、段永飞、刘会军、高芳华、陆颖、霍文营、李谦、罗敏杰、王昊、张世雄、王春圆；**暖通** / 汪春华、王春雷、李金双、关文吉、徐征；**给排水** / 赵昕、贾鑫；**电气** / 丁志强、李俊民、王苏阳、李磊、裴元杰；**室内** / 张晔、饶迈、曹阳、刘璐蕊、王佳旭；**景观** / 李力、段岳峰、张鹏、白雪松、王兆阳、吴丹、陈鑫文、方圆、石宇；**建设筹建** / 王洪顺、曲国辉、林巍、潘清、金兴国、栾立欣、闫雪冰

设计合作 / 长春规划设计研究院；**数字设计** / 北京点构数字技术有限公司、北京筑语数字科技有限公司；**建设** / 长春市规划局、长春润德集团；**施工** / 中国建筑第六工程局有限公司；**幕墙** / 江河幕墙、远大幕墙；**展陈** / 长春规划设计研究院；**布展** / 风语筑展览有限公司、中孚泰文化建筑建设股份有限公司；**照明** / 上海广茂达光艺科技股份有限公司；**钢结构** / 中国建筑钢结构有限公司

鄂尔多斯市体育中心
ORDOS SPORTS CENTER

项目地点 / 鄂尔多斯市
建筑类型 / 体育建筑
用地面积 / 85.7hm^2
建筑面积 / 259 123m^2
所获奖项 / 2014-2015年度中国建设工程鲁班奖
第14届中国土木工程詹天佑奖
2015年度中国建设科技集团（CCTC）优秀工程奖一等奖
设计时间 / 2008年10月~2011年6月
建成时间 / 2014年
设计指导 / 崔愷
设计主持 / 景泉、李静威、王更生
主创建筑师 / 徐元卿、黎靓、张伟成、张小雷、程明、杜滨、郭正同、栗晗、邵楠、张月瑶、杨磊
摄影 / 张广源
制图 / 李碧舟

建筑 / 秦莹、李燕云；**结构** / 尤天直、张亚东、施泓、史杰、刘文廷、高文军、袁锐文、宋文晶；**给排水** / 赵昕、马明、陶涛、高峰、李建业；**暖通** / 胡建丽、孙淑萍；**电气** / 李战赠、王浩然、李战赠；**室内** / 邓雪映、张全全；**景观** / 史丽秀、关午军、王洪涛；**总图** / 余晓东、王雅萍；**经济** / 褚新伦

建设 / 鄂尔多斯市政府投资工程基本建设领导小组办公室；**室内** / 北京筑邦建筑装饰工程有限公司；**体育工艺** / 北京中体建筑工程设计有限公司；**声学** / 中法中元蒂塞尔声学工作室；**地勘** / 包钢勘察测绘研究院；**监理** / 内蒙古瑞博工程项目管理咨询有限公司、浙江江南工程管理股份有限公司、浙江五洲工程项目管理有限公司；**专项监理** / 中咨工程建设监理公司；**施工** / 中国建筑第六工程局有限公司、内蒙古兴泰建设集团有限公司、上海宝冶集团有限公司、湖南德成建设工程有限公司、河北建设集团有限公司

中国医学科学院药物研究所药物创制产学研基地

RESEARCH BUILDING OF INSTITUTE OF MATERIA MEDICA, CHINESE ACADEMY OF MEDICAL SCIENCES AND PEKING UNION MEDICAL COLLEGE

项目地点 / 北京市
建筑类型 / 医疗建筑
用地面积 / 88 279.9m²
建筑面积 / 43 088m²
所获奖项 / 2020北京市优秀工程勘察设计奖（公共建筑）一等奖
2019年度中国建设科技集团优秀工程奖二等奖及优秀工程设计奖二等奖
设计时间 / 2013年1月~2015年5月
建成时间 / 2018年12月
设计主持 / 景泉、徐元卿
主创建筑师 / 张翼南、李静威、吴锡嘉、李雪菲
摄影 / 张广源
制图 / 张翼南

结构 / 王鑫、董明昱、王春圆；**给排水** / 赵昕、李建业；**设备** / 祝秀娟、唐艳滨；**电气** / 张辉；**总图** / 刘晓琳；**室内** / 邓雪映、张全全；**景观** / 李力

设计合作 / 中国建筑设计研究院绿色建筑设计中心、北京筑邦建筑装饰工程有限公司室内所、北京筑邦园林景观工程有限公司；**实验室设计** / 北京戴纳实验科技有限公司

太原市滨河体育中心改造

RECONSTRUCTION OF TAIYUAN RIVERFRONT SPORTS CENTER

项目地点 / 太原市
建筑类型 / 体育建筑
建筑面积 / 49 000m²
所获奖项 / 2021Architizer A+奖体育场馆类专业评审奖
2020北京市优秀工程勘察设计奖（城市更新单项奖）一等奖
2019年度中国建设科技集团优秀工程奖三等奖及优秀工程设计奖二等奖
设计时间 / 2017年
建成时间 / 2018年
设计指导 / 崔愷
设计主持 / 景泉、徐元卿
主创建筑师 / 李静威、张翼南
摄影 / 张广源
制图 / 张翼南

建筑 / 姚旭元、林贤载、徐建邦；**结构** / 施泓、王超、陈越、王金；**水电** / 夏树江、朱琳、杜江、常立强、肖彦、戴玉；**暖通** / 徐征、唐艳滨、高丽颖；**智能化** / 刘炜；**总图** / 段进兆；**景观** / 关午军、朱燕辉、戴敏、申韬；**室内** / 邓雪映、李海波、李倬、陆丽如；**幕墙** / 罗忆、郑秀春、陈飞；**体育工艺** / 原树贵、孟令芹、刘艳伟

设计合作 / 太原市建筑设计研究院；**体育工艺** / 北京中体建筑工程设计有限公司；**亮化设计** / 北京宁之境照明设计责任有限公司

北京首钢工舍智选假日酒店“仓阁”
BEIJING SHOUGANG SILO-PAVILION

项目地点 / 北京市
建筑类型 / 酒店建筑
建筑面积 / 9 890m²
所获奖项 / 2020-2021年度国家优质工程奖
2020北京市优秀工程勘察设计奖（公共建筑）一等奖
2020北京市优秀工程勘察设计奖（城市更新设计单项奖）一等奖
2019-2020中国建筑学会建筑设计奖专项奖（公共建筑）一等奖
2019-2020中国建筑学会建筑设计奖技术奖（历史文化保护传承创新）一等奖
2019-2020中国建筑学会建筑设计奖技术奖（室内设计）二等奖
IUPA世界未来城市计划2020入围项目
2018年第二十一届中国室内设计大奖赛酒店、会所工程类铜奖
设计时间 / 2015年~2016年
建成时间 / 2018年5月
设计主持 / 李兴钢、景泉
主创建筑师 / 黎靓、郑旭航、涂嘉欢
制图 / 郑旭航
摄影 / 陈颢、邢睿、李兴钢

建筑 / 高阳、张文娟、田聪、王梓淳、李秀萍、徐松月、马卓越、邢睿、谭泽阳；**结构** /王树乐、郭俊杰、居易；**机电** / 申静、郝洁、祝秀娟、孟鑫、张祎琦、高学文、王旭、何学宇、李宝华、张辉、王昊；**室内** / 曹阳、马萌雪、张秋雨、张洋洋、李小菲

太原旅游职业学院体育馆
TAIYUAN TOURISM COLLEGE SPORTS HALL

项目地点 / 太原市
建筑类型 / 体育建筑
建筑面积 / 17 970m²
所获奖项 / 2019年度中国建设科技集团优秀工程三等奖
设计时间 / 2017年
建成时间 / 2019年
设计指导 / 崔愷
设计主持 / 景泉、徐元卿、吴锡嘉
主创建筑师 / 颜冬、陈虎、薛强
制图 / 颜冬
摄影 / 张广源

项目经理 / 丰涛、田野；**建筑** / 邢阳阳；**结构** / 范重、张宇、刘家名；**给排水** / 张庆康、朱跃云；**暖通** / 胡建丽、陈高峰、董俐言；**电气** / 曹磊、刘征峥、高洁、于征；**总图** / 段进兆；**室内** / 曹阳、刘奕；**智能化** / 陈玲玲；**景观** / 关午军、戴敏；**幕墙** / 曹百站、曹巍

设计合作 / 太原市建筑设计研究院；**亮化设计** / 北京宁之境照明设计有限责任公司；**体育工艺** / 北京中体建筑工程设计有限公司；**施工** / 北京城建集团、北京益汇达清水建筑工程有限公司

2018年第十二届中国（南宁）国际园林博览会
2018 INTERNATIONAL GARDEN EXPO OF CHINA (NANNING)

项目地点 / 南宁市
建筑类型 / 展览建筑
建筑面积 /
园林艺术馆 / 25 570m²
清泉阁 / 1 532m²
赛歌台 / 2 510m²
东盟馆 / 7 280m²
设计时间 / 2016年~2017年
建成时间 / 2018年12月
所获奖项 / 2020国际建筑奖(International Architecture Award 2020)（园林艺术馆）
2019-2020中国建筑学会建筑设计奖专项奖（公共建筑）一等奖
2019-2020中国建筑学会建筑设计奖技术奖（幕墙技术）一等奖
2019-2020中国建筑学会建筑设计奖技术奖（绿色生态技术）二等奖
2020-2021国家优质工程奖
第十三届中国钢结构金奖
设计指导 / 崔愷
设计主持 / 景泉、崔海东、李静威
主创建筑师 / 黎靓、金海平、杨磊、徐松月
制图 / 徐松月、金海平、杨磊
摄影 / 张广源

园林艺术馆
建筑 / 景泉、李静威、黎靓、徐松月、关珲、吴南伟、李晓韵、吴洁妮、马卓越、单立欣、娄莎莎；**结构** / 史杰、王树乐、郑红卫、施泓、朱炳寅；**给排水** / 李万华、高振渊、唐致文、郭汝艳、杨东辉；**暖通** / 韩武松、宋占寿、孙淑萍、徐征；**电气** / 李磊、姜海鹏、王苏阳、李俊民；**总图** / 高治、路建旗、高伟、白红卫；**智能化** / 唐艺、刘炜、陈玲玲、许静、李俊民；**景观** / 李存东、赵文斌、刘环、谭喆、盛金龙、刘卓君、武燕文、史丽秀、王洪涛、姜云飞；**室内** / 张超
幕墙 / 深圳大地幕墙科技有限公司；**灯光** / 北京宁之境照明设计有限责任公司

东盟馆
建筑 / 崔海东、金海平、张驰、王丽阳；**结构** / 刘松华、杨杰；**给排水** / 李万华、董超、高东茂；**设备** / 杨向红、郭超；**电气** / 熊小俊、王铮；电讯 / 刘炜； **总图** / 高治、路建旗、朱庚鑫；**室内** / 张超；**景观** / 李存东、赵文斌、路璐、张云璐、孙雅琳、侯月阳、颜玉璞
幕墙 / 德润诚工程顾问有限公司；**灯光** / 北京宁之境照明设计有限责任公司；**展陈设计** / 广东省装饰有限公司

赛歌台
建筑 / 杨磊、景泉、李静威、陈斯琪、单文文、单立欣、娄莎莎、刘松华、王磊、曹雷、曹诚、魏华、李甲、路建旗、高治、朱庚鑫、王洪涛
设计合作 / 中旭建筑设计有限责任公司

清泉阁
建筑 / 杨磊、景泉、李静威、胡鑫、单立欣、娄莎莎、刘松华、厉春龙、曹雷、曹诚、魏华、李甲、路建旗、高治、朱庚鑫、王洪涛
设计合作 / 中旭建筑设计有限责任公司

2019中国北京世界园艺博览会中国馆

CHINA PAVILION OF 2019 THE INTERNATIONAL HORTICULTURAL EXHIBITION IN CHINA (BEIJING)

项目地点 / 北京市
建筑类型 / 展览建筑
用地面积 / 48 000m²
建筑面积 / 23 000m²
设计时间 / 2015年~2017年
建成时间 / 2019年4月
所获奖项 / 2020北京市优秀工程勘察设计奖（公共建筑）一等奖
2020北京市优秀工程勘察设计奖（绿色建筑专项奖）一等奖
2019-2020中国建筑学会建筑设计奖专项奖（公共建筑）一等奖
2019-2020中国建筑学会建筑设计奖技术奖（绿色生态技术）一等奖
2020年全国绿色建筑创新奖一等奖
设计主持 / 崔愷、景泉、黎靓
主创建筑师 / 李静威、张翼南、郑旭航、田聪、徐松月、李晓韵、及晨
制图 / 黎靓、田聪
摄影 / 张广源、丁志强

主管 / 李存东；**项目总监** / 史丽秀；**项目经理** / 赵文斌、雷洪强；**建筑** / 吴洁妮、吴南伟、吴锡嘉、邢睿、李秀萍、单立欣；**总图** / 吴耀懿、王炜、路建旗、白红卫、高治；**结构** / 张淮湧、施泓、曹永超、李艺然、何相宇、朱炳寅；**给排水** / 黎松、林建德、董新淼、杨东辉、郭汝艳、李万华；**暖通** / 刘燕军、孙淑萍、徐征、潘云钢；**电气** / 王苏阳、姜海鹏、沈晋、李剑峰、张青、李俊民；**智能化** / 刘炜、陈玲玲、许静、李俊民、张月珍；**景观** / 史丽秀、赵文斌、刘环、路璐、贾瀛、李旸、刘卓君、盛金龙、齐石茗月、王洪涛、王婷、冯凌志、刘丹宁、曹雷、魏华、刘子渝；**室内** / 邓雪映、李海波、焦亮、李倬、李钢、林泽潭、裴健、陆丽如、董一童、刘涛、王凯平、周存蕙、田爽、徐昊明、王坤；**声学** / 王君为、陈启明；**绿建** / 刘鹏、林波、王陈栋、王芳芳；**经济** / 禚新伦、钱薇、丁雨、王雍雅、刘晓瑜；**驻场** / 黎靓、李海波、贾瀛、田聪、曹永超

幕墙 / 深圳市大地幕墙科技有限公司、北京江河幕墙股份有限公司；**泛光照明** / 北京宁之境照明设计有限责任公司；**标识** / 北京视野文化有限公司；**岩土工程** / 北京市勘察设计研究院有限公司；**数码制作** / 北京筑语数字科技有限公司；**模型制作** / 北京建景轩模型科技有限公司

2015

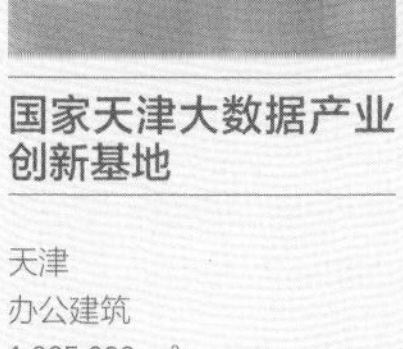

国家天津大数据产业创新基地

天津
办公建筑
1 325 800 m²
未建

2016

长春市规划展览馆

长春
文娱建筑
63 171 m²
已建

2017

长春新民大街城市中心城市设计

长春
城市设计
1 100 m²
在建

青岛电影博物馆

青岛
文娱建筑
26 000 m²
未建

西江四岸核心区
片区治理提升

长垣老城西大街
城市更新改造

捷文旅综合体

首都博物馆东馆

北京
文娱建筑
99 700 m²
在建

北京城市副中心城市绿心三大公共建筑共享配套设施

北京
城市设计
25 hm²
在建

大河村国家考古遗址公园中国仰韶文化博物馆

郑州
文娱建筑
19 977 m²
在建

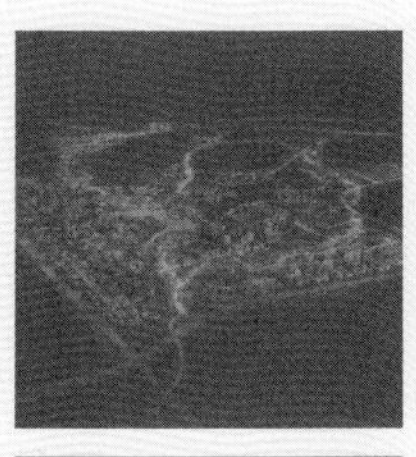

长春净月科创谷城市规划设计及建筑形态概念设计

长春
城市设计
4 620 hm²
在建

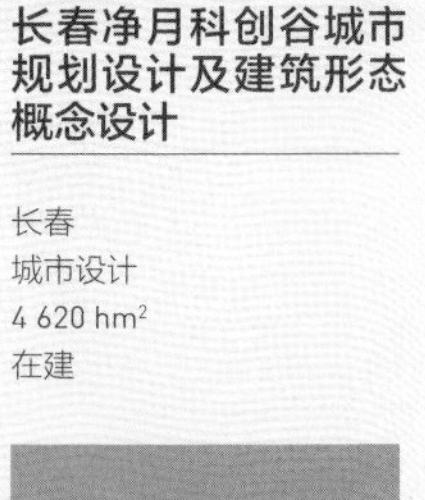

七个星佛寺遗址博物馆及游客中心

焉耆回族自治县
文娱建筑
2 706 m²
在建

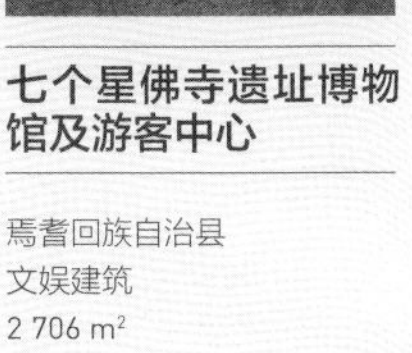

后记

Epilogue

《在地生长》付梓在即，回顾整个编写历程，感慨良多。

这本书算我系统整理的第一本作品集，也是对我从业25年的一次回顾，人的一生又能有几个25年呢？这25年，我从一个年少轻狂的少年，到了“知天命”的年纪，即将迈向人生的下一个门槛。这25年，在国家发展的大浪潮之中，伴随着国家经济建设从高速增长转向高质量发展，我经历了城乡建设从快速城镇化转到关注生态文明和城市更新存量发展全过程。我所做的建筑设计也在顺应时代不断调整，学习新的知识和新的方法，对时代和国家的需求进行回应。

回顾和整理这25年来作品的过程，也像是在做一个建筑设计，从开始的概念方案的空间构建，再到节点细部的深化，最后看着房子一点一点盖起来。就像一栋建筑不是一个设计师就能完成的，一本书的编纂也并非我一己之力。

首先，感谢张广源主任为本书的出版付出的心血，他一直以来的激励和每个节点的亲力亲为是本书得以成型的保障。是他一直在鞭策我认真梳理、仔细思考这些年来的项目，并为这本书内容组织、编写给了具体而专业的建议。本书中的大部分实景照片也是出自他之手。建筑摄影是建筑设计的二次创作，让无法亲临现场的观众也能真切感受到建筑的空间和背后动人的故事。广源主任的建筑摄影作品有着穿越时空和打动人心的真实性，他总能捕捉到建筑和人的互动中最感动人的瞬间（这背后会付出了大量的精力和心血），为每一个建筑作品的传播起到了不可或缺的作用。

感谢李静威、徐元卿、黎靓、贾濛等兄弟姐妹二十年来与我一起并肩作战，我们一同面对了很多艰难的问题，但有幸无论风风雨雨，我们一路坚持至今，感谢他们为本书的出版出谋划策和所付出的所有努力。

这次整理的项目跨越25年，有些项目的早期资料留存并不完善，有些图纸表达也不尽统一，感谢黎靓、张伟成、周舰、张翼南、郑旭航、徐松月、李碧舟、邢阳阳、颜冬、金海平、杨磊等同事细致地重绘了本书中的大量图纸，并整理回答了项目中的“问题”。我们是这些项目共同的亲历者，但大家的视角却不尽相同，他们的补充也给予了我新的启发和思考，也让我一遍遍回忆起我们一起奋斗的激情燃烧的岁月。

感谢中国建筑工业出版社徐晓飞老师对本书的出版所做的努力。感谢刘赫、苏晓琛、肖舜芊等同事做的很多琐碎但关键的整理、协调工作。感谢美术编辑王江和文字编辑涂先明，与他们的交流，给了我建筑专业以外的思考。

这本书，是我和团队过去成果的一份总结，正如书名“在地生长”，希望这本书是我们团队这棵树上的一道年轮标记。未来，我们将继续扎根土地，茁壮生长。

图书在版编目（CIP）数据

在地生长 = Design from and for Locality / 景泉著 . -- 北京 : 中国建筑工业出版社 , 2021.11
（中国建筑设计研究院设计与研究丛书）
ISBN 978-7-112-26848-1

Ⅰ . ①在… Ⅱ . ①景… Ⅲ . ①建筑设计－作品集－中国－现代 Ⅳ . ① TU206

中国版本图书馆 CIP 数据核字 (2021) 第 247565 号

责任编辑：徐晓飞　张　明
责任校对：李美娜
美术编辑：王　江

中国建筑设计研究院设计与研究丛书
在地生长
Design from and for Locality
景泉 著
*
中国建筑工业出版社出版、发行（北京海淀三里河路 9 号）
各地新华书店、建筑书店经销
北京雅昌艺术印刷有限公司制版
北京雅昌艺术印刷有限公司印刷
*
开本：787 毫米 ×1092 毫米　1/16　印张：29 1/2　插页：1　字数：566 千字
2022 年 5 月第一版　2022 年 5 月第一次印刷
定价：258.00 元
ISBN 978-7-112-26848-1
(38547)